深圳市装配式混凝土建筑
施工组织策划指南

深圳市建设科技促进中心 / 主编

华南理工大学出版社
SOUTH CHINA UNIVERSITY OF TECHNOLOGY PRESS
·广州·

图书在版编目（CIP）数据

深圳市装配式混凝土建筑施工组织策划指南/深圳市建设科技促进中心主编. 广州：华南理工大学出版社，2025.3. -- ISBN 978-7-5623-8047-4

Ⅰ. TU755-62

中国国家版本馆CIP数据核字第2025CP7488号

Shenzhen Shi Zhuangpeishi Hunningtu Jianzhu Shigong Zuzhi Cehua Zhinan

深圳市装配式混凝土建筑施工组织策划指南

深圳市建设科技促进中心　主编

出 版 人：房俊东

出版发行：华南理工大学出版社

（广州五山华南理工大学17号楼，邮编510640）

http：//hg.cb.scut.edu.cn　E-mail：scutc13@scut.edu.cn

营销部电话：020-87113487　87111048（传真）

策划编辑：肖　颖

责任编辑：梁玉琪

责任校对：梁樱雯

印 刷 者：广州小明数码印刷有限公司

开　　本：787 mm × 1092 mm　1/16　印张：9　字数：173千

版　　次：2025年3月第1版　印次：2025年3月第1次印刷

定　　价：78.00元

编委会

前 言

建筑业作为国民经济的重要支柱产业之一，其发展模式和质量直接影响着社会的可持续发展和人民的生活质量。建筑工业化作为一种先进的生产方式，逐渐成为推动建筑业绿色转型升级的重要路径，能显著降低能源消耗与碳排放，为实现“3060”双碳目标提供有力支撑。国家和省、市各级政府相继出台了一系列政策措施，积极倡导新型建筑工业化，推动产业结构调整和技术创新，以实现建筑行业高质量发展。装配式建筑作为新型建筑工业化的典型代表，具有高效节能、低碳环保、质量可靠等优势，对促进建筑业绿色低碳智能化融合发展和建筑品质提升具有重要意义。这种建造方式不仅有助于缩短施工周期，降低施工过程中的环境污染，还能通过标准化、模块化的生产和施工，提高建筑的整体性能和使用寿命，从而满足现代社会对建造质量和效率的双重要求，满足人民群众对美好生活的向往。

深圳市作为我国改革开放的前沿城市，是全国首批装配式建筑示范城市之一，一直以来稳步发展装配式建筑。通过一系列创新实践和项目建设，深圳市积累了丰富的装配式建筑实施经验，为全国装配式建筑的发展和应用提供了有力的示范和借鉴。

本指南的编制，正是基于深圳市在装配式混凝土建筑领域的丰富实践和深刻洞察，通过总结深圳市在装配式混凝土建筑项目实施的成功经验，系统地介绍装配式混凝土建筑前期策划、施工策划、装配式施工、工程验收等方面的内容，旨在为建筑行业的从业者提供一个全面、实用的参考框架，为装配式混凝土建筑的施工组织策划提供科学的指导和有效的解决方案，帮助从业者在实际工作中更好地应用装配式混凝土建筑技术，提高项目管理水平，确保工程质量和施工安全。

最后，我们希望本指南能够总结深圳经验，成为推动装配式混凝土建筑技术发展和应用的实用工具，进而促进建筑行业的绿色发展和产业升级。同时，我们也期待广大读者能够提出宝贵的意见和建议，共同推动装配式混凝土建筑技术的创新和完善，为建设“好房子”贡献力量。

目录

1

总　则

1.1 编制目的和意义

本指南旨在为装配式混凝土建筑的施工组织策划提供一套科学、系统的方法和指导建议，明确施工组织策划的关键环节和实施步骤，以提高施工效率、保障工程质量、降低施工风险，推动装配式建筑高质量发展。

1.2 适用范围

本指南适用于深圳市装配式混凝土建筑的施工组织策划。

1.3 参考文件

本指南参考深圳市现行装配式建筑标准、规范进行编制（名称、编号等详见附录），符合国家、部委及地方的政策、法规要求。

2

前期策划

2.1 实施流程

装配式混凝土建筑项目建设通过标准化设计、工厂化生产、装配化施工、一体化装修、信息化管理和智能化应用，全面提升建筑品质，降低建造和维护成本。与现浇混凝土建筑的施工组织流程相比，装配式混凝土建筑的施工组织流程更全面、更精细、更综合，增加了前期策划、工厂生产、一体化装修、维护更新等过程，强调深化设计和工厂生产的协同、装修和工厂生产的协同、主体施工和装修施工的协同。按照常规装配式混凝土建筑的建设关键线路，其施工组织策划主线可以划分为前期策划、施工策划、装配式施工、工程验收四部分（图2-1）。

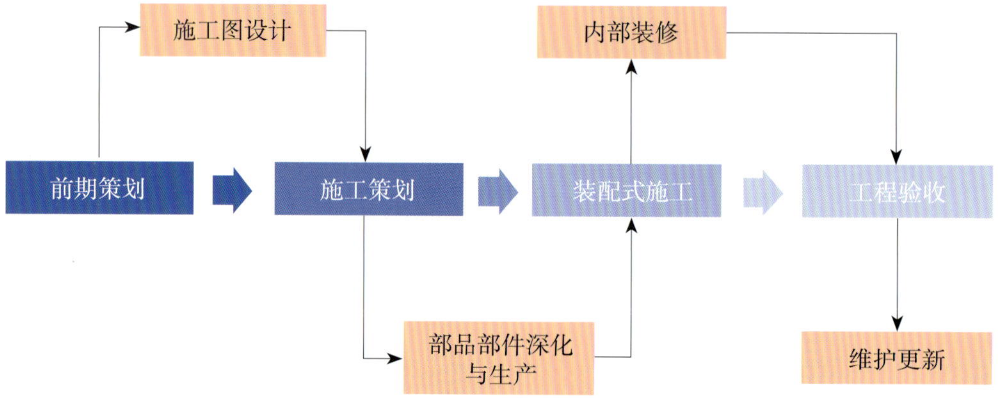

图2-1 装配式混凝土建筑施工组织流程图

2.1.1 前期策划

相较传统的现浇混凝土建筑施工组织方式，装配式混凝土建筑施工组织需要以前期策划为先导，各施工单位需要在装配式混凝土建筑图纸初步设计阶段介入，开展多专业、多单位合作，提高各环节技术的串联度，实现全过程协同整体策划。前期策划包括建立项目管理组织架构，制定项目总体部署安排，明确项目目标，做好前期设计管理。

2.1.2 施工策划

施工策划是前期策划的延伸，项目各参建单位为装配式混凝土建筑施工安装做好各项准备工作，在施工策划时，各单位需要相互沟通、协作配合。施工策划包括施工准备、部品部件深化设计管理、装配式施工安排等。

2.1.3 装配式施工

装配式施工包括不同种类部品部件，以及工具式模板、工具式脚手架、大型机械设备的安装施工，宜提前明确施工要点及施工流程顺序，制定相应施工组织措施。正式施工前宜根据项目特点，针对装配式施工常见问题编制预案，对施工技术、质量问题提前预控，高效有序地推进现场施工工作。

2.1.4 工程验收

装配式混凝土建筑施工质量验收包括施工过程中的验收以及竣工验收，应针对装配式混凝土建筑的特点制定相应的验收程序，完善相应验收资料。

2.2 组织管理

根据装配式混凝土建筑项目特点，在开工前建立项目管理组织架构体系（图2-2），完善各单位协同合作工作机制，促进各方之间的紧密协作。

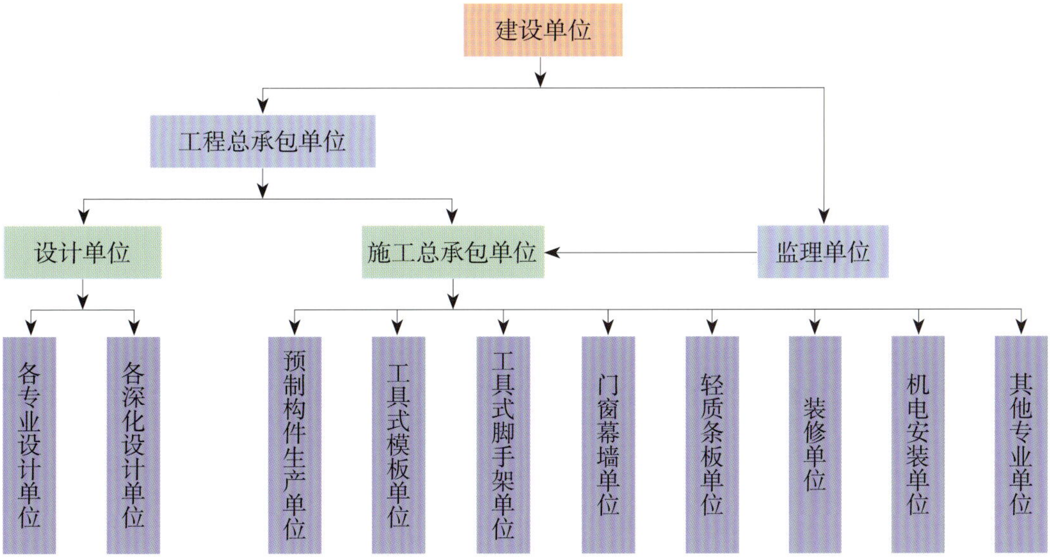

图2-2 项目管理组织架构示意图

若装配式建筑项目采用全过程咨询单位服务管理模式（图2-3），全过程咨询单位在协助建设单位管理项目的同时，也要履行监理单位的相关职责。

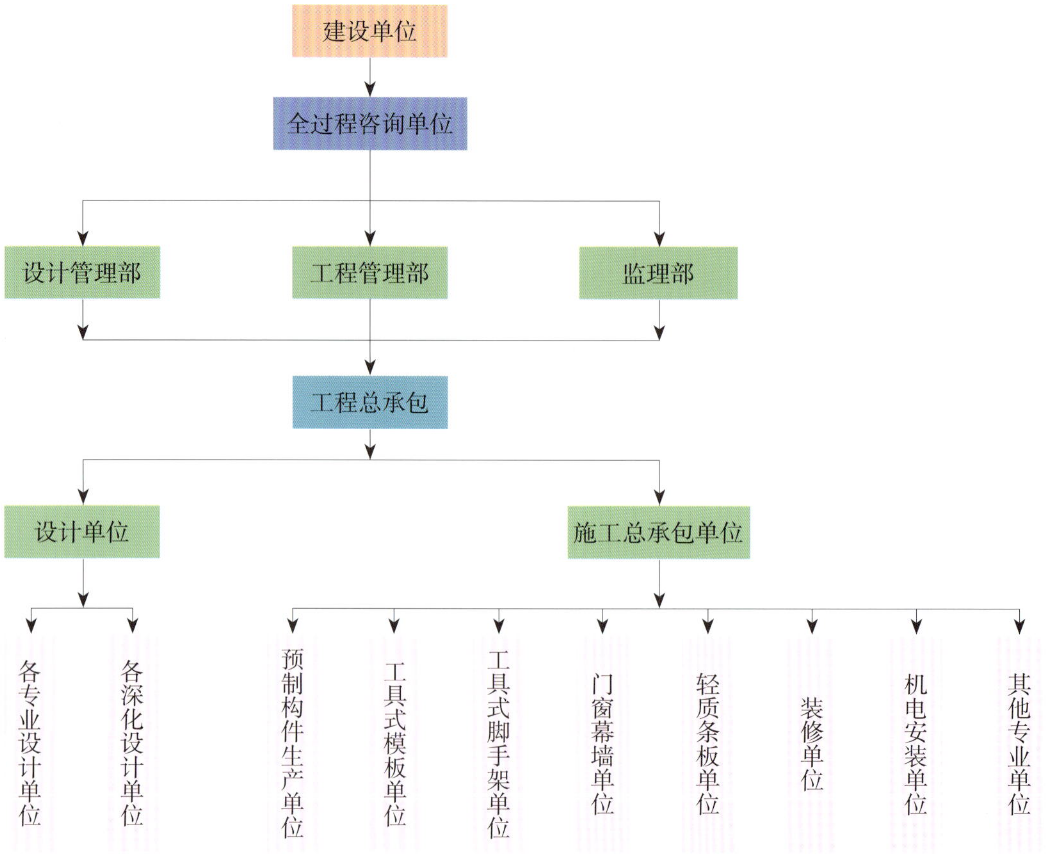

图2-3　全过程咨询管理组织架构示意图

按照工程合同以及相关规定要求，项目开工前应明确各参建单位与专业单位的职责分工（表2-1、表2-2）。

表2-1　各参建单位职责分工示意表

序号	单位名称	职责内容
1	建设单位	按项目建设的规模、标准及工期要求，实行项目建设的全过程宏观控制与管理；负责办理工程开工有关手续，组织工程勘察设计、招标采购，开展施工过程的节点控制，组织工程交工验收，组织协调参建各方关系，解决工程建设中的有关问题，为工程施工建设创造良好的外部环境
2	设计单位	负责工程初步设计和施工图设计，派驻设计代表参与工程项目的建设，向监理单位、施工单位和预制构件生产单位进行设计交底，回复图纸会审疑问，及时签发工程变更通知单，解决各专业碰撞问题；参与装配式混凝土建筑专项施工方案讨论，参与首件、首批构件生产验收，参与施工现场首个标准层的安装及验收，参与主体结构分部验收及竣工验收等

续上表

序号	单位名称	职责内容
3	监理单位	参与图纸会审；编制有针对性的监理规划和专项监理细则，对预制构件生产企业的质量保证体系、预制构件制作方案及施工单位编制的施工组织设计方案、装配式混凝土建筑专项施工方案进行审核；监督预制构件生产质量，组织预制构件进场验收，组织现场分部分项检验批验收；督促装配式建筑技术质量资料填报和审查；监督各种材料、试块、试件检验和实体检测等；对危险性较大的分部分项工程进行旁站式监理，做好旁站监理记录
4	全过程咨询单位（如有）	参与项目前期的可行性研究、初步设计、预算编制及预算控制、结算、决算等工作，为项目提供咨询建议和意见；协助业主编制招标文件，对投标单位资格进行审查，提供专业咨询意见，并参与合同洽谈和签订；参与工程施工方案的审查与评定工作，包括施工组织设计、施工方案、部品部件和材料选用等方面的咨询，对施工过程中的技术问题进行解答和指导；参与项目的竣工验收工作，包括验收申请资料的审核、工程量的计量与评定等工作；对工程质量按照技术规范的要求进行审查。其他同监理单位的职责
5	工程总承包单位（EPC）	配合建设单位完成“三通一平”和各种前期准备工作；按照项目管理规范进行合同进度、质量、安全、投资四方面的控制，进行合同管理、信息管理两方面的管理，起到联系建设单位与施工单位的纽带，协调现场各种施工事宜；按照合同要求按时提供指定份数与质量的设计图纸，并在工程施工中解决设计交底、设计变更、签证、索赔等事宜；定期组织碰头会、周例会、月例会、安全会议、安全检查等活动，对项目进行日常性和阶段性控制管理；督促施工单位保质量、保安全、保进度，按照投标承诺，向建设单位交付一个质量上合格、安全上无事故、进度上准期的合格工程；按照合同节点向建设单位申请工程费用，按照合同节点向施工单位和监理单位支付相应的工程费用；配合建设单位做好总承包单位与建设单位直接分包单位的施工中间交接和互相配合工作；配合建设单位的竣工验收工作；及时组织工程阶段性预验收工作；对施工单位的进度、质量、安全等方面的工作疏忽或事故，及时纠正和处理。其他分工及责任按照合同执行
6	施工总承包单位	参与图纸会审并提出疑问与优化建议，参与装配式建筑深化设计，参与塔吊、施工电梯、布料机、工具式脚手架等选型与定位，参与各类施工洞口深化、协调专业间碰撞；根据国家和行业规范、规定、设计文件和施工合同，编制施工方案；组织预制构件的生产、进场、吊装，填报工程资料，进行材料取样，试块、试件送检试验，接受实体检测，参与分部分项检验批验收等；按合同规定工期、质量要求完成施工内容。施工过程中，负责工程进度、质量、成本、安全的自控工作，工程完工验收合格后，向建设单位移交工程全套施工资料

表2-2　各专业单位职责分工示意表

序号	单位名称	职责内容
1	装修单位	审查、核对各专业设计图纸并提出疑问和优化建议，组织装修深化设计、预制构件装修预留预埋设计，参与专业间碰撞协调优化，编制施工方案，组织装修材料的生产、加工、运输，负责施工、填报工程资料，参与现场技术管理和优化改进，参与装修分部验收等
2	预制混凝土构件生产单位	配合PC深化单位做好图纸深化工作，编制构件生产周期计划及配合总承包单位编制施工方案；建立构件生产和销售信息档案，信息内容必须真实、准确，反映构件生产和销售基本情况；组织构件生产运输及前期指导安装施工，如期供货；建立构件质量检查验收制度，积极配合建设单位委托的监理单位驻厂监理及总承包单位驻厂技术人员代表建设单位履行的产品生产质量监理等工作
3	工具式模板单位	审查核对各专业设计图纸并提出疑问和优化建议，组织工具式模板深化设计、预制构件工具式模板螺杆孔位设计，参与专业间碰撞协调优化，负责生产加工工具式模板并运输进场，参与现场技术管理和优化改进
4	工具式脚手架单位	审查核对各专业设计图纸并提出疑问和优化建议，仔细核对塔吊电梯附着图纸，组织工具式脚手架深化设计、预制构件工具式脚手架预留预埋设计，参与和接受专业间碰撞协调优化，编制专项施工方案并组织专家论证，负责工具式脚手架生产加工、运输进场、安装与拆除，填报安全资料，参与现场技术管理和优化改进
5	轻质条板单位	审查核对建筑、结构、机电、装配式建筑设计图纸并提出疑问和优化建议，组织条板深化设计，编制专项施工方案，负责墙板生产加工、运输进场及条板安装，填报工程资料，将材料送检，参与现场技术管理和优化改进
6	机电安装单位	审查核对各专业设计图纸并提出疑问和优化建议，组织机电安装深化设计、预制构件机电预留预埋设计，参与和接受专业间碰撞协调优化，编制施工方案，负责机电安装材料生产加工、运输进场、安装与调试，填报工程资料，参与现场技术管理和优化改进，参与机电分部验收
7	门窗幕墙单位	审查核对各专业设计图纸并提出疑问和优化建议，组织门窗幕墙深化设计、预制构件门窗幕墙预留预埋设计，参与和接受专业间碰撞协调优化，编制施工方案并组织专家论证，负责门窗幕墙材料生产、加工、运输、安装，填报工程资料，参与现场技术管理和优化改进，参与装修分部验收

2.3 总体目标及部署

2.3.1 总体目标

在前期策划阶段，需要确定项目管理总体目标（表2-3），包含工期、安全、质量、装配式建筑施工等目标，制定的目标应满足国家、省、市相关要求。

表2-3 项目管理总体目标

序号	目标类型	管理方向、要求
1	工期	满足项目合同要求
2	安全、质量	①满足规范及主管部门相关要求； ②满足合同要求； ③满足项目创优目标要求
3	装配式建筑施工	①满足规范及主管部门相关要求； ②满足绿色建造相关要求； ③满足项目创优目标要求

2.3.2 总体部署

在前期策划阶段，宜从人、机、料、法（施工方案）、环（周边环境）、进度等各个角度制定项目装配式建筑施工总体部署安排（表2-4）。

表2-4 总体部署安排表

序号	类别	内容
1	劳动力组织	①制定本项目各阶段劳动力计划及保障措施； ②选择培训合格的装配式混凝土建筑产业工人劳务队伍
2	机械设备	①确定塔吊、施工电梯、混凝土泵、布料机等大型机械设备型号、数量及位置； ②制订主要机械设备进退场计划
3	部品部件	①依据设计图纸确定部品部件类型，制订主要材料及周转材料需用量计划； ②选择信誉良好的物资供应商进行合作； ③制定材料进场验收制度

续上表

序号	类别	内容
4	施工方案	①部品部件深化设计方案； ②建筑信息模型（BIM）实施方案； ③工具式脚手架施工方案； ④工具式模板施工方案； ⑤部品部件安装方案； ⑥部品部件成品保护方案； ⑦装配式机电施工方案； ⑧装配式装修施工方案
5	总平面布置	①充分了解项目周边道路交通情况，策划部品部件运输路线； ②充分了解项目周边地下、地上管线位置关系，制定行车及吊运对管线保护措施； ③充分了解邻近建（构）筑物情况，制定施工防扰民措施； ④确定预制构件堆场位置、构件堆放分区布置； ⑤规划预制构件车辆进出场道路
6	进度安排	①确定各楼栋施工先后顺序、施工内容； ②组织编制施工总进度计划、标准层施工计划、穿插流水施工计划
7	其他	根据项目特点及要求制定相应部署安排

2.3.3 专业单位管理策划

装配式混凝土建筑项目涉及众多专业施工单位，需要提前做好专业单位管理策划。专业单位包括且不限于预制构件生产单位、工具式模板单位、工具式脚手架单位、轻质内墙条板单位、机电安装单位、门窗幕墙单位、装修单位等。

工程总承包单位应根据施工总进度计划，统筹安排各专业单位参与介入、图纸深化完成、首批构件/设备/材料进场等关键时间节点（表2-5）。由于装配式建筑项目深化设计与部品部件生产所需时间较长，以首层构件开始吊装为时间节点倒推，各项工作均需要前置。本指南给出一个以30层建筑项目为例的专业分包单位管理策划时间节点安排，因各个项目差异较大，仅供参考，具体时间节点以项目实际策划为准。

表2-5 专业单位管理策划时间节点建议表

序号	专业单位名称	专业单位参与介入时间	图纸深化完成时间	首批构件/设备/材料进场时间	节点要求
1	预制构件生产单位	提前3个月	提前2个月	提前1周（现场无堆放场地时可考虑随到随吊）	以第一个标准层构件开始吊装为时间节点倒推
2	工具式模板单位	提前3个月	提前2个月	提前1周（在厂完成预拼装验收）	
3	工具式脚手架单位	提前3个月	提前2个月	提前1周（提前5天开始拼装工具式脚手架底层）	
4	机电安装单位	项目开工前（同总承包单位一同进场）	标准层深化提前2个月	提前1周	
5	轻质条板单位	提前3个月	提前2个月	完成4个标准层结构	
6	门窗幕墙单位	提前3个月	提前2个月	完成7个标准层结构	
7	装修单位	提前3个月	提前2个月	完成10个标准层结构	

2.4 装配式建筑设计管理

在装配式建筑项目策划前期，宜由建设单位或全过程咨询单位组织各参建单位提前介入，进行装配式建筑专项设计管理。完善设计管理策划、落实方案设计要点、设计阶段BIM应用等重点管理内容，并建立统一技术执行标准、统一协调机制、联合审查机制以及文件归档标准，规范各专业间协调流程。

2.4.1 装配式建筑设计管理策划

（1）建立统一技术标准。根据项目特点，建立统一技术标准。技术标准除满足建筑、结构、机电设备等设计要求，还需满足部品部件对生产、运输、施工等的要求。此外，节点连接、构造做法等细部要求也需统一执行。

（2）建立统一协调机制。装配式建筑施工图设计启动前，主体施工图内容宜稳定，并通过项目内部审查。正式启动深化设计工作前，宜由建设单位组织各参建单位，根据项目进度计划及关键时间节点，制定各阶段提资、提资反馈、初步成果、最终成果完成时间计划，避免设计过程中出现单项专业停滞、提资滞后、设计成果反复调整等情况。

（3）建立联合审查机制。深化设计图纸签章前，宜由建设单位组织各参建单位对深化设计图纸进行联合审查，审查意见汇总后整理为图纸会审文件，作为深化设计过程中的设计执行依据。深化设计的最终成果文件宜由主体设计单位进行审查并签署相应审查意见，后由建设单位最终审查并确认实施。

（4）建立文件归档标准。装配式建筑项目设计过程中的资料成果，与传统项目有所不同，设计成果宜按主体施工图子项单独归档管理。主要有以下管理内容。

①设计成果变更文件宜上传至项目内部协同管理平台，确保变更内容可溯源性。

②设计资料、联系函件以及各类技术文件的发放与接收端口宜统一，确保输出成果一致。

③正式图纸会审文件随设计成果一并归档，作为项目统一技术标准的保障措施。

④工程项目执行勘察设计承诺制时，需确定装配式建筑相关技术选项，完成市装配式建筑服务与管理系统录入工作，并将装配式建筑设计成果文件上传至市勘察设计管理系统。

若工程项目执行勘察设计审查制，则需向施工图审查机构提交装配式建筑相关审查资料。

2.4.2 装配式建筑方案设计要点

1. 方案初步设计

（1）在初步设计阶段，需注意方案中各单体楼栋是否符合现行装配式混凝土建筑的相关政策、技术标准要求。

（2）根据项目实际需求，选定装配式建筑应用技术项、部品部件种类、工艺做法等，做到技术前置。初步设计时需完成标准楼层与非标准楼层实施范围的划分。

（3）核查主体施工图平面、立面、剖面、节点、构造做法、设计说明等内容，判断实施装配式建筑工艺工法的合理性，使其满足结构安全、建筑性能等要求。

2. 方案过程设计

（1）方案设计过程中，根据初步设计阶段明确的部品部件实施类型、数量，确定各单体建筑内部品部件的实施范围，并进行平面拆分、节点深化等图纸绘制工作。

（2）方案规划布置时，需考虑部品部件的模数协调、标准化程度以及生产、运输、施工的可行性。例如，部品部件轮廓设计，宜考虑模具、制作工艺等影响因素；部品部件尺寸设计，宜考虑生产线尺寸、运输限宽限高、道路道况、吊装和安装效率等影响因素；部品部件重量设计，宜考虑工厂的起重机能力、运输限重、施工现场起重机能力、吊装效率等影响因素。

（3）根据建筑方案及项目要求进行内装部品选型、制定管线系统的实施要求及设备管线敷设方式。

（4）根据建筑节能保温做法及防水、防火、防雷等要求，明确装配式建筑方案相应节点设计做法，确保建筑性能构造满足规范要求。

（5）根据选定的预制构件类型，结合实施楼层部位，绘制相应关键节点大样，如预制构件首层/标准层/顶层等不同节点的构造做法，以及不同类型预制构件与主体现浇构件间钢筋连接节点做法，确保预制构件拆分位置合理，连接构造安全可靠。

3. 方案审核

已完成的方案设计成果，宜由建设单位组织工程总承包单位以及各参建单位，根据政策要求、工作机制、设计要求、施工布置及计划、部品部件生产计划、部品部件施工、信息化应用管理要求，对方案设计成果进行复核。主要有以下复核内容。

（1）政策要求。明确实施依据及相关政策条文说明，如相关政策要求、项目基本信息、各单体楼栋部品部件实施类型及范围，实施比例情况说明。

（2）工作机制。明确项目管理架构完善性、各参建单位职责划分明确性以及部品部件样板先行的前置性、各项验收机制的健全性。

（3）设计要求。超限项目应通过超限审查。预制构件连接构造、拆分合理可靠，部品部件材料选型及构造节点做法应明确表达。

（4）施工布置及计划。施工总平面图布置（施工道路、堆场布置、塔吊、电梯选型及布置等）、施工周期计划合理，节点明确。

（5）部品部件生产计划。根据项目特点，合理制订排产计划、质量验收标准、成品保护、路线规划、运输安全措施。

（6）部品部件施工。根据项目特点，合理制订部品部件施工工艺流程、安装顺序以及防漏、碰、裂等方面的措施、质量控制标准。

（7）信息化应用管理。根据项目特点，在设计、生产、施工等项目建设不同阶段，选择性应用BIM信息化软件，提升设计、生产、施工质量与效率；结合项目特点，合理应用RFID技术、物联网、信息化软件、移动APP等工具，建立部品部件生产、施工管理系统，实现生产、施工过程的精细化、数据化、智能化管理。

2.4.3 装配式建筑设计阶段BIM应用

1. 制定设计阶段BIM 实施方案

根据工程要求，规划并衔接好设计各阶段的BIM工作，并根据实际进展情况对计划进行调整和补充。

2. BIM模型建立

根据施工图设计图纸（包含但不限于施工图、深化图、变更等），建立各专业设计BIM模型（包含但不限于建筑、结构、暖通动力、给排水、消防、电气等专业），并在建模过程中发现和反馈图纸问题，辅助优化设计。模型数据应该满足清单计价规范、定额工程量计算规则，满足BIM成果与图纸的一致性。

3. 建立BIM建模实时审核管控机制

建立实时建模管控机制，让各参建单位审核人员随时对建模过程进行管控，达到实时审核模型、实时掌握进度、实时纠错的效果。

4. 全专业碰撞检查及沟通协调

要求在建模的同时，整合各专业BIM模型进行碰撞检查，审核各专业设计是否存在明显的设计不合理和错误，完成并提供碰撞检查问题报告，反馈给相关单位，同时提出优化设计方案，并解决问题。

5. 管线综合设计优化

对过道、机房、车库等管线设备密集区域或有净高控制要求区域进行净高检查，提前发现设计不满足要求位置，编制净高分析图和净高问题报告，综合考虑设备、管线的布置和未来检修的空间要求，采取措施优化净高，避免限高。

6. 工程量计算与指标分析

根据BIM模型进行工程量计算，提交工程量清单，进行项目设计概算和施工图预算工作。基于数据库指标，分析项目混凝土、钢筋、模板等指标，反馈给业主及相关各方，对设计图纸进行优化，支持限额设计。

3

施工策划

装配式建筑项目宜在建筑方案设计阶段制定专项施工策划方案。施工策划方案中需重点考虑施工准备、深化设计管理、施工安排。施工准备的目的是确保后续深化设计、施工等阶段各参建单位之间的高效协同。深化设计管理的主要内容如下：部品部件的深化设计管理，宜按设计管理策划要求分阶段推进，并满足各专业技术前置、措施统一的要求；部品部件的质量管理，宜制订相应专项验收计划，针对项目特点，健全质量管理制度。

3.1 施工准备

3.1.1 场地准备

施工前应首先复核项目施工总平面布置图规划。其主要内容为核对项目中施工道路、部品部件堆场、施工塔吊布置、施工电梯应用等情况，综合考虑施工现场对部品部件运输、二次转运、堆放及吊装的实际情况及需求。除核对场地情况外，部品部件运输到场前宜根据施工进度，明确部品部件安装数量、运输车次，合理安排运输车辆入场。

1. 场地施工道路

（1）满足大型运输车辆宽度、转弯半径、荷载等要求。

（2）道路需做好硬化、路基坚实，宜设置为环形道路。

（3）设置排水设施，避免积水影响车辆通行。

（4）现场出入口大门宽度、高度需满足运输车辆通行需求，并明确运输车辆宽度及高度限制条件。

2. 部品部件堆场

（1）宜按楼栋对应设置部品部件堆场，堆场需设置在塔吊起重范围内，且靠近部品部件安装点，以减小塔吊大臂转动量，提高吊装效率。堆场场地宜平整硬化，便于排水。

（2）若场地施工道路或堆场设置在地下室顶板范围，需根据设计计算要求，完善地下室顶板相关回顶或加固措施。

（3）现场场地受限时，部品部件可采用随到随吊措施，并提前组织验收、卸车、吊装等工作安排。

3. 施工塔吊布置

宜按照方案设计要求，核对各楼栋部品部件重量、实施范围，运输车辆停车起吊点、堆场定位情况，以及塔吊型号、定位。

4. 施工电梯应用

核对施工电梯型号及载重量，并根据角度旋转确认进出电梯的最大尺寸。明确二次结构施工时，部品部件在施工电梯运输的限制。

3.1.2 技术准备

1. 施工图会审

部品部件生产前，工程总承包单位宜牵头组织各参建单位，进行装配式建筑施工图会审，确保图纸内容及深度满足项目统一技术标准实施要求。

2. 施工图交底

部品部件现场施工前，工程总承包单位宜牵头组织各参建单位，进行装配式建筑施工图交底，明确施工图内容及相关实施做法要求。施工图交底内容如表3-1所示。

表3-1 装配式建筑施工图交底内容

序号	分项	重点内容
1	预制构件	①预制构件实施楼栋、楼层范围、构件类型； ②预制构件首层/标准层/顶层不同节点构造处理，不同类型预制构件与主体现浇构件间钢筋连接节点做法； ③预制凸窗构件周边部位防水构造做法、预制构件防水构造做法； ④预制部位如门窗洞的企口、滴水、压槽等构造做法； ⑤预制构件在生产、转运、堆放、吊装、安装等临时工况下的使用要求； ⑥装配式建筑预留施工孔洞相应的封堵、防水构造做法； ⑦楼层平面预制构件吊重、吊装顺序、吊装分区情况； ⑧预制构件安装流程； ⑨预制构件特殊节点做法
2	工具式模板	①工具式模板实施楼栋、楼层范围； ②支撑体系布置情况、加固节点做法； ③现浇部位水平接缝、竖向接缝分布位置，接缝宽度、深度、截面形式； ④现浇部位门窗洞企口、滴水、压槽、施工预留孔洞等构造做法； ⑤一次现浇墙体（构造柱、门垛等）平面布置； ⑥工具式模板与预制构件公差配合做法； ⑦工具式模板安装、拆除流程； ⑧工具式模板特殊部位节点做法

续上表

序号	分项	重点内容
3	工具式脚手架	①工具式脚手架实施楼栋、楼层范围，工具式脚手架平面、立面布置情况； ②工具式脚手架安全装置； ③工具式脚手架安装、爬升、拆除流程； ④工具式脚手架在预制构件范围的附着固定做法； ⑤工具式脚手架特殊部位节点做法（如塔吊附墙、施工电梯、卸料平台等部位）
4	装配式装修	①装配式装修实施楼栋、范围，各部位装修的类型、重点材料及设计效果； ②墙面、天花、楼地面、厨卫等关键部位节点大样做法； ③节能保温做法及防水、防火、防雷等要求； ④部品部件生产、半成品保护、运输、安装、成品保护等要求； ⑤新型装修材料和有特殊工艺要求的节点做法

3. 部品部件施工专项方案编制

部品部件施工前，工程总承包单位宜按照楼栋单体，编制专项施工方案，确保现场部品部件施工有序实施。部品部件施工专项方案基本内容如表3-2所示。

表3-2　装配式建筑施工专项方案内容

序号	分项	主要内容
1	预制构件	①预制构件施工进度计划、楼栋标准层施工工期及工序计划； ②预制构件进场后，二次转运、临时存放及成品保护要求； ③塔吊型号参数、塔吊平面定位、部品部件吊装能力分析； ④楼层平面吊装顺序、吊装分区、吊装时间计划、吊具情况； ⑤预制构件吊装安装流程、质量控制措施
2	工具式模板	①工具式模板施工进度计划、工序计划； ②工具式模板与其相关配套、配件材料的配置、供应情况及存放要求； ③工具式模板在门窗洞口、暗管线、吊挂重物等部位实施做法； ④工具式模板安装工艺方法要求； ⑤工具式模板施工安装拆除流程、质量控制措施
3	工具式脚手架	①工具式脚手架施工进度计划、工序计划； ②工具式脚手架施工工艺方法要求； ③工具式脚手架施工安装、爬升流程，以及相应质量控制措施； ④工具式脚手架施工管理及作业人员配置、分工； ⑤施工应急处置措施

续上表

序号	分项	主要内容
4	装配式装修	①施工总体安排及部署、施工资源需求计划； ②装配式装修施工进度计划、工序计划； ③设备、部品部件进场计划，以及部品部件验收、运输、存放要求说明； ④施工重难点分析及应对措施； ⑤主要工艺实施方案及成品保护措施； ⑥质量控制程序和质量控制措施

3.1.3 资源配置准备

1. 部品部件生产组织计划

部品部件生产前，宜制订相应生产组织计划（表3-3），明确生产排期计划，模具设计及加工计划，材料、配件、工具采购计划（甲供材进场计划），劳动力计划，设备使用计划，部品部件堆放及保护计划，首件及首批部品部件验收计划及验收标准，运输发货计划等生产组织计划，完善各环节质量控制要点。

表3-3 部品部件生产组织计划

序号	计划分项	主要内容
1	生产排期	①部品部件设计排期、模具设计生产排期、部品部件生产排期； ②甲供材（专项）进厂排期； ③试生产排期（人员培训、隐蔽验收、首件验收）； ④部品部件生产工艺流程； ⑤各层部品部件生产排期； ⑥首件、首批部品部件验收计划； ⑦部品部件生产质检计划
2	模具设计及加工计划	①模具配置数量、模具设计及加工制作周期； ②确定模具交货日期、运输时间、模具组装调试时间等
3	材料、配件、工具采购计划	①根据部品部件的生产数量、所需的物料统计，列出清单； ②制订生产物料和工具采购计划，确定发货、运输、到厂时间； ③跟踪生产物料和工具的库存量，以及动态变化情况； ④确定实验及检验验收时间
4	劳动力计划	①根据生产计划，制订劳动力需求计划，如需求环节、劳动力数量、劳动力工时等； ②针对生产过程中部品部件变款较多、工期紧等情况，制订劳动力计划预案

续上表

序号	计划分项	主要内容
5	设备使用计划	①确认生产能力与生产设备情况，满足部品部件批量生产供货需求； ②核算每天转运的材料及部品部件，合理安排起重机使用时间； ③制订设备维护计划和设备维护期间部品部件生产预案； ④针对生产过程中部品部件变款较多、工期紧等情况，制订设备配置预案
6	部品部件堆放及保护计划	①根据部品部件生产及周转情况，核算堆场预留空间，完善部品部件库存计划； ②完善部品部件成品保护计划，确定配置堆放架、支撑架数量
7	首件及首批部品部件验收计划及验收标准	首件及首批部品部件验收内容宜包含预制构件外观质量、几何尺寸、粗糙面成型工艺、插筋，以及精装、幕墙、施工、铝模、爬架等专业预留预埋件位置、尺寸情况
8	运输发货计划	①根据现场供货需求，制订部品部件运输计划； ②完善物流调度计划，确定部品部件运输车辆规格、载重、数量信息； ③充分考虑禁运路段、涵洞、高架桥等限高、限重、限宽等障碍，选定运输最佳路线、备选路线，确保运输车辆按时到达现场； ④如部品部件运输存在超限情况，宜提前递交超限运输申请

2. 队伍组建

工程总承包单位宜根据项目装配式建筑楼栋、部品部件实施情况，分别组建预制构件、工具式模板、工具式脚手架、内隔墙轻质条板等专项产业工人队伍。部品部件施工前，宜对产业工人进行专项交底培训，明确各类部品部件吊装安装施工流程，吊装安装过程中安排作业人员，明确各个作业人员的岗位职责和权限，确保吊装安装作业的有序进行。

3. 团队配置

装配式建筑宜组织成立部品部件专项产业工人队伍，根据各楼栋施工需求，进行团队分工配置（表3-4）。

表3-4 预制构件吊装安装队伍配置

序号	工种	人数
1	预制构件安装工	根据现场安装需求确定
2	信号工	
3	司索工	
4	塔吊司机/汽车吊司机	
5	钢筋工	
6	模板工	
7	混凝土工	
8	吊装安装监护人	
9	灌浆工（根据预制构件类型确定）	
10	杂工	

4. 物资配置计划

根据项目部品部件类型、安装流程，提前明确施工所需的设备及材料，确保部品部件吊装、安装顺利进行（表3-5）。

表3-5 部品部件施工物资配置计划

序号	物资分类	物资种类	功能说明	负责团队
1	预制构件运输	堆放架、存放架	构件装车存放	预制构件厂家
2		捆绑带	构件装车捆绑固定	
3		木方、胶垫	构件支垫	
4		构件运输车辆	预制构件运输	
5	预制构件堆放	堆放架、存放架	构件现场存放	
6		木方	叠放构件支垫	
7		翻转架	预制构件姿态调整	工程总承包单位
8	预制构件吊装	平衡梁［相关规范要求：《梁式吊具》（GB/T 26079—2010）］	保证构件起吊竖直方向受力	工程总承包单位/预制构件安装单位
9		吊架、井字架		

续上表

序号	物资分类	物资种类	功能说明	负责团队
10	预制构件吊装	手拉葫芦 ［相关规范要求：《起重用短环链–T级(T、DAT和DT型)高精度葫芦链》（GB/T 20947—2007）］	控制构件水平平衡度	工程总承包单位/预制构件安装单位
11		鸭嘴吊扣	连接吊钉（圆饼型）与吊链	
12		蝴蝶扣	连接吊链	
13		钢丝绳 ［相关规范要求：《钢丝绳吊索、插编索扣》（GB/T 16271—2009）、《一般用途钢丝绳吊索特性和技术条件》（GB/T 16762—2020）、《起重机钢丝绳保养、维护、检验和报废》（GB/T 5972—2023）、《钢丝绳通用技术条件》（GB/T 20118—2017）］	连接吊扣/吊环与蝴蝶扣	
14		吊链 ［相关规范要求：《起重用短环链验收总则》（GB/T 20946—2007）、《一般起重用钢制短环链、吊链用8级中等精度链条》（GB/T 24816—2017）、《8级非焊接吊链》（GB/T 25853—2010）］	连接吊扣/吊环与蝴蝶扣	
15		缆风绳 ［相关规范要求：《扁平吊装带》（JBT 8521.1—2007）］	控制牵引构件安装方向	
16		安全帆布带 ［相关规范要求：《扁平吊装带》（JBT 8521.1—2007）］	第二道安全防护措施	
17		U形卸扣 ［相关规范要求：《一般起重用D形和弓形锻造卸扣》（GB/T 25854—2010 ）］	连接蝴蝶扣与吊具	
18		吊带	卸车、引导	
19		吊环	与螺栓吊点连接	
20		防坠器	构件吊装防护	

续上表

序号	物资分类	物资种类	功能说明	负责团队
21	预制构件安装	PE棒	预制构件安装缝填塞封堵	工程总承包单位/预制构件安装单位
22		临时支撑及配件（支撑杆、端头、底座）	预制构件临时支撑及固定	
23		一字码、七字码		
24		扳手、撬棍	构件安装微调	
25		胶条	交接处防渗漏	
26	现场灌浆	冲击转式砂浆搅拌机	砂浆搅拌	
27		电子秤、刻度杯	称量干料及水	
28		温度计	测量环境温度及浆温	
29		搅拌桶	搅拌浆料	
30		圆截锥试模、带刻度钢化玻璃板	灌浆料流动度检测	
31		试块试模	抗压强度检测	
32		灌浆泵	灌浆施工	
33	测量仪器	经纬仪、水准仪	测量轴线标高	
34		靠尺、钢尺、卷尺	测量平整度、垂直度	
35	工具式模板安装	销钉、销片、垫片、螺栓、对拉螺杆、背楞	模板锁定加固	工具式模板厂家
36		可调支撑、单支顶钢支撑、支撑头	模板支撑加固	
37		模板、模板龙骨、连接件、传料口工装	模板支模	
38		小锤、拆模器、支垫短木条	模板拆除	
39	内隔墙轻质条板安装	运板小车	楼层内条板转运	工程总承包单位/内隔墙轻质条板厂家
40		木方、捆绑带	条板堆放	内隔墙轻质条板厂家
41		卡码、射钉枪、木楔、专用撬棍	条板安装及微调	
42		网格布、专用粘接剂、PE棒、抗震胶垫	条板挂网、填塞封堵	
43		切割机、手电钻、冲击电锤	条板切割开槽处理	

3.1.4 验收制度建立

1. 预制构件生产验收制度建立

1）模具验收制度

图3-1所示为模具验收。

图3-1 模具验收

（1）验收时间：预制构件模具生产完毕，试拼完成后。

（2）验收目的：检查模具拼装质量，如模具连接部位是否牢固，节点处理是否到位，是否满足预制构件的生产需要。

（3）验收单位：建设单位、设计单位、施工单位、监理单位、模具厂、构件厂等。

（4）验收内容：

①模具的形状、尺寸是否按照模具设计图纸进行加工，模具尺寸允许误差是否满足相关规范要求（图3-1）。

②模具的类型、材质、分缝位置、连接方式是否满足模具设计图纸要求，是否可保证模具拼装完成后，连接可靠、整体性好、不漏浆，满足预制构件生产的需要。

③模具的预埋件、固定套筒、孔眼内模等定位辅助设施，是否满足设计要求，保证振捣混凝土时不发生位移。

2）隐蔽工程验收制度

图3-2所示为隐蔽工程验收。

图3-2 隐蔽工程验收

（1）验收时间：预制构件模板拼装完毕，浇筑混凝土之前。

（2）验收目的：检查预制构件预留、预埋设计是否合理，生产质量是否符合要求；钢筋、线管、线盒、防雷连接部位是否牢靠，是否满足预制构件的生产需要。

（3）验收单位：建设单位、设计单位、施工单位、监理单位、模具厂、构件厂等。

（4）验收内容：

①钢筋的牌号、数量、规格、位置、间距等要求是否满足设计和规范要求。

②纵向受力钢筋的连接方式、搭接长度、接头位置、接头质量、接头面积百分率是否满足设计和规范要求。

③预埋件、预留孔洞的规格、数量、位置是否满足设计和规范要求，固定措施是否牢固可靠。

3）首个预制构件验收制度

图3-3所示为首个预制构件验收。

建设单位组织设计单位、监理单位、施工单位、构件厂等，对首个预制构件进行联合验收。验收合格后方可进行大规模生产，验收过程图片及文字表格需要存档记录。

（1）验收时间：首个预制构件模板拼装完毕，浇筑混凝土，拆模完成后。

（2）验收目的：检查预制构件质量、尺寸、预埋件、预留孔洞是否满足设计和规范要求，是否满足预制构件批量生产条件。

（3）验收单位：建设单位、设计单位、施工单位、监理单位、模具厂、构件厂等。

图3-3　首个预制构件验收

（4）验收内容：

①构件尺寸、混凝土强度、钢筋保护层厚度是否满足设计和规范要求。

②构件大样是否按照深化图纸施工并进行生产。

③构件预埋件、预留孔洞是否按照深化图纸施工并进行生产。

④构件外漏钢筋位置、间距、数量是否按照深化图纸施工并进行生产。

4）首批预制构件验收制度

图3-4所示为首批预制构件验收。

图3-4　首批预制构件验收

建设单位组织设计单位、监理单位、施工单位、构件厂等，对首批预制构件进行联合验收，验收合格后首批预制构件方可运输至工地存放或直接吊装安装，验收过程图片及文字表格需要存档记录。

（1）验收时间：首批预制构件模板拼装完毕，浇筑混凝土，拆模完成后。

（2）验收目的：检查预制构件质量、尺寸及预埋件、预留孔洞是否满足设计和规范要求，是否满足预制构件进场、安装施工要求。

（3）验收单位：建设单位、设计单位、施工单位、监理单位、模具厂、构件厂等。

（4）验收内容：

①构件尺寸、混凝土强度、钢筋保护层厚度是否满足设计和规范要求。

②构件大样是否按照深化图纸施工并进行生产。

③构件预埋件、预留孔洞是否按照深化图纸施工并进行生产。

④构件外漏钢筋位置、间距、数量是否按照深化图纸施工并进行生产。

5）预制构件出厂验收制度

图3-5所示为预制构件出厂验收。

图3-5　预制构件出厂验收

建设单位统筹，向预制构件厂派驻驻场监理，全程跟踪预制构件生产过程，联合施工单位和构件单位建立预制构件出厂检验制度。

（1）验收时间：构件生产期间和构件生产完成出场之前。

（2）验收目的：全程跟踪预制构件生产过程，确保预制构件的质量。

（3）验收单位：驻场监理单位、构件生产单位。

（4）验收内容：

①按照规范表格对构件强度、尺寸、外观等进行检验。

②出场前根据出货计划，由驻场监理和预制构件厂品质部质检员对成品库产品进行再次复验。

③复检不合格的产品暂停出厂，进行整改，直至合格为止，复验合格的产品出具相关产品合格证。

④厂家合格证明、混凝土强度报告、厂家隐蔽验收记录等准备齐全，准予出厂。

2. 装配式铝模板试拼装验收制度

图3-6所示为装配式铝模板试拼装验收。

图3-6　装配式铝模板试拼装验收

铝合金模板在铝模厂完成试拼后，建设单位组织设计单位、监理单位、咨询单位、施工单位等前往铝模厂进行联合验收。

验收内容：

①铝合金模板零部件的材质是否符合国家现有相关标准规定。

②对铝合金模板是否按安装图纸及清单、加工图中对模板的编号、规格、数量以及零部件的规格、数量及尺寸的要求进行核查，判断排版是否按图纸执行。

③核查对拉螺杆、对拉片、销钉、角铝及背楞的配套和紧固情况，以及模板拼缝是否过大等。

④铝模支撑体系是否合理，模板结构整体是否稳定。验收完成后形成书面验收

报告。

3. 施工验收制度建立

1）预制构件进场验收制度

图3–7所示为预制构件进场验收。

图3–7 预制构件进场验收

建设单位协调监理单位、总承包单位建立预制构件进场验收制度。

验收内容：

①预制构件进场前，构件单位提前通知甲方单位、设计单位、监理单位、总承包单位四方派出技术人员进行验收（图3–7）。

②进场时间是否按照项目部提供规定时间到场。

③构件厂提供本批次验收资料（浇筑混凝土前及成品验收记录、混凝土强度报告、预留预埋件出厂合格证明等）。

④施工现场场内、场地环境检查。

⑤总承包单位做好验收前准备工作及检测工具。

⑥监理单位做好预制构件验收、资料审查及验收记录，并对该批次构件做出质量评定。

⑦建设单位应对本次验收过程做出最后结论，不合格构件宜作退场处理。

2）首次预制构件吊装验收制度

图3–8所示为首次预制构件吊装验收。

图3-8　首次预制构件吊装验收

（1）验收时间：首个装配式标准层预制构件开始吊装。

（2）验收目的：保证吊装工作顺利进行，避免吊装过程中出现意外情况。

（3）验收单位：建设单位、设计单位、施工单位、监理单位、构件厂等。

（4）验收内容：

①检查吊具和钢丝绳的合格证书，选型是否合理，是否存在缺陷。

②预制构件的吊点设置是否和设计图纸一致，实际吊装是否可行。

③检查下部结构的预留预埋部件，保证预制构件顺利安装。

④检查下部结构的楼面混凝土平整度、强度是否满足要求。

3）工具式脚手架验收制度

图3-9所示为工具式脚手架验收。

图3-9　工具式脚手架验收

（1）工具式脚手架提升前验收制度内容：

①核查工具式脚手架单位是否做好自检。在工具式脚手架使用前，工具式脚手架单位要根据设计方案和合同内容，做好“工具式脚手架安装验收检查表”所要求的自查工作，检查是否符合标准。

②建设单位进行验收评定。建设单位接到“工具式脚手架安装验收汇报”后，应全方位核查分包单位的验收材料，梳理监理资料，对工具式脚手架开展相关评定。

③工程监理单位验收。建设单位要组织监理单位、工具式脚手架单位等对工程开展基本查验验收。监理单位或建设单位对工具式脚手架单位提出整改意见，由工具式脚手架单位进行整改，整改结束后，建设单位及监理单位核查整改情况。验收合格后，工具式脚手架方可投入使用。

（2）工具式脚手架提升后验收制度内容：

①工具式脚手架单位做好自检。工具式脚手架提升完成后，工具式脚手架单位要根据设计方案和合同内容，做好“工具式脚手架提升验收检查表”所要求的自查工作，检查是否符合提升后的标准。

②由建设单位组织，明确验收计划方案。建设单位接到“工具式脚手架竣工报告”后，施工部署、工程施工、工程监理等部门相关工作人员建立验收组，对工具式脚手架进行竣工验收。

③施工单位按验收建议开展整改。工具式脚手架单位按照验收组明确提出的整改建议及“责令整改通知书”开展整改。整改结束后，经建设单位、监理单位、设计单位、施工单位签字盖章确定后送质检站，监管工作人员对关键的整改内容要进行复查。

④工程验收合格。对不合格工具式脚手架按“工程建筑工程施工质量验收统一标准”和其他验收标准的规定完成整改后，再次验收，直到合格。

⑤验收办理备案。验收合格后，工具式脚手架单位将施工资料交由施工单位，由施工单位交由上级相关管理单位。

4）轻质隔墙验收制度

图3-10所示为轻质隔墙验收。

①材料配件：隔墙所需材料配件品种、规格、性能、颜色和含水率应符合设计要求。有隔声、隔热、阻燃、防潮等特殊要求的工程，材料应有相应的性能等级。

②基本架构及安装要求：安装隔墙板材料所需的预埋件、连接件的位置、数量和连接方法应符合设计要求。隔墙板材安装必须牢固，与周边墙体连接方法应符合设计要求，并连接牢固。

图3-10　轻质隔墙验收

③材料接缝：接缝材料的品种及接缝方法应符合设计要求；接缝应横平竖直、均匀、顺直。

④表面质量：材料安装后应垂直、平整、位置正确，板材不应有裂缝或缺损、划痕；表面应平整光滑、色泽一致、洁净，无裂缝，线条顺直、清晰。

⑤细部质量：隔墙上的孔洞、槽、盒应位置正确、套割吻合、边缘整齐；隔墙内填充材料应干燥，填充密实、均匀、无下坠。

⑥轻质隔墙工程允许偏差和检验方法：注意隐蔽工程验收记录；注意隔墙与其他墙体交接处应采取防开裂措施。

5）装配式标准层结构联合验收制度

图3-11所示为装配式标准层结构联合验收。

图3-11　装配式标准层联合验收

首个标准层施工前，建设单位组织设计单位、监理单位、施工单位对下部结构的预留、预埋进行验收，验收合格后方可进行标准层施工。

首个标准层浇筑混凝土之前，建设单位组织设计单位、监理单位、施工单位、构件厂等进行工程验收，重点检查预制构件安装和连接节点、装配式模板安装等。

首个标准层拆模后，建设单位组织设计单位、监理单位、施工单位、构件厂等进行结构验收，对工程设计、施工进行阶段性总结和改进，保证工程的顺利进行。

装配式建筑结构、装配式内墙板、机电安装、装饰装修等分部分项工程，建设单位协调设计单位、监理单位、施工单位建立样板先行制度。

根据装配式建筑施工特点，在首层结构验收、样板先行制度的基础上，建立分部分项工程验收制度，及时组织各参建方进行工程验收。

装配式建筑标准层联合验收流程：

①施工单位自检合格后，向项目工程部书面申请验收。项目工程部接到申请后组织相关人员进行验收。

②验收合格，项目工程部向上级相关管理单位书面申请验收。

③验收不合格，通知施工单位在限期内进行整改。施工单位整改完成后，重新申请验收。

3.2 深化设计管理

3.2.1 深化设计要点

1. 深化设计启动阶段

深化设计启动前，深化设计单位宜首先完成深化设计提资需求清单（表3-6）。主体设计单位施工图宜统一由建设单位作为输出口进行提资。提资图纸宜统一由工程总承包单位作为输出口向各方进行提资。

表3-6 深化设计提资图纸需求清单示例

序号	提资分项		当前提资情况	已收到图纸版本	提资需求日期	备注
1	主体设计单位提资	建筑提资图纸	是/否收到	图纸版本号	年/月/日	备注说明
2		结构提资图纸	是/否收到	图纸版本号	年/月/日	
3		装配式建筑设计图纸	是/否收到	图纸版本号	年/月/日	
4		机电提资图纸	是/否收到	图纸版本号	年/月/日	
5		二次机电提资图纸	是/否收到	图纸版本号	年/月/日	

续上表

<table>
<tr><th>序号</th><th colspan="2">提资分项</th><th>当前提资情况</th><th>已收到图纸版本</th><th>提资需求日期</th><th>备注</th></tr>
<tr><td>6</td><td>装修单位提资</td><td>装修提资图纸</td><td>是/否收到</td><td>图纸版本号</td><td>年/月/日</td><td rowspan="6">备注说明</td></tr>
<tr><td>7</td><td rowspan="5">工程总承包单位提资</td><td>施工预留提资图纸</td><td>是/否收到</td><td>图纸版本号</td><td>年/月/日</td></tr>
<tr><td>8</td><td>工具式模板预留预埋提资图纸</td><td>是/否收到</td><td>图纸版本号</td><td>年/月/日</td></tr>
<tr><td>9</td><td>工具式脚手架预留预埋提资图纸</td><td>是/否收到</td><td>图纸版本号</td><td>年/月/日</td></tr>
<tr><td>10</td><td>门窗深化提资图纸</td><td>是/否收到</td><td>图纸版本号</td><td>年/月/日</td></tr>
<tr><td>11</td><td>内隔墙轻质条板深化提资图纸</td><td>是/否收到</td><td>图纸版本号</td><td>年/月/日</td></tr>
<tr><td colspan="7">注：
①装配式建筑设计图纸，宜包括装配式建筑总说明、部品部件平面布置图、典型部品部件详图、节点大样等。
②二次机电提资图纸，宜根据建设单位、主体设计单位、工程总承包单位、装修单位意见，完善装修机电布置，形成稳定提资图纸版本。
③施工预留提资图纸，宜包含放线口、布料机、泵管口、传料口等施工预留洞口布置。</td></tr>
</table>

2. 深化设计工作阶段

在深化设计工作阶段，深化设计图纸除符合建筑主体设计施工图的结构安全、建筑节能保温、防水、防火、防雷、装配式建筑评价指标等要求外，还需满足生产、运输、施工等各项工况要求。

（1）针对预制构件构造复杂部位、连接节点复杂部位，宜提前与建筑主体设计单位、工程总承包单位、工具式模板单位、预制构件生产厂家沟通，明确构件生产、施工可行性及需求，完善节点实施做法。

（2）针对异形预制构件薄弱部位，宜考虑完善加强措施，提高构件整体性，从设计源头减少预制构件薄弱部位在生产运输、吊装安装过程中发生损坏的风险。

（3）针对尺寸过高、过宽的预制构件，宜提前与工程总承包单位、预制构件生产厂家沟通，制定专项运输方案，超限构件在横卧工况下起吊时，需复核不同姿态下构件受力情况，制定相应现场吊装组织方案。

（4）复核预制构件内钢筋布置及各专业预留、预埋点位，防止出现大直径钢筋与预留、预埋点位互相干涉的情况。

（5）当预制构件有洞口、线槽、特殊构造等做法时，宜提前与预制构件生产厂家沟通，并按生产厂家可实施做法进行深化设计。

（6）工具式模板单位在构造复杂部位的实施做法，宜提前与工程总承包单位沟通，明确施工实施可行性，确定相关模板深化配置需求。

（7）工具式脚手架单位在特殊部位（如塔吊附墙部位、施工电梯部位、卸料平台部位、平直段非标连接处、非标转角、架体变窄部位、不同形式架体转换处等）的实施做法，宜提前与工程总承包单位沟通，并确定塔吊、施工电梯、卸料平台布置情况，完善工具式脚手架架体及脚手板深化配置。

3. 深化设计审查阶段

在深化设计审查阶段，工程总承包单位宜对照建筑主体设计施工图与各专业深化设计文件（预制构件深化设计、装修点位设计、工具式模板设计、工具式脚手架设计、幕墙专业设计等）互相交叉复核确认，满足各专业间深化设计图纸的一致性，以及生产、施工的可行性。深化设计文件审查要点宜包含以下内容。

（1）各类构造相关做法的要求。

（2）机电点位是否存在干涉，存在干涉的机电点位需考虑错开避让布置。

（3）部品部件与现浇结合部分的节点连接、粗糙面设置等要求。

（4）工具式模板等分项专业，使用的预留预埋件设计定位准确性。

（5）预制构件与工具式模板交接处正负公差配合做法。

（6）各专业间预留、预埋点位干涉检查、调整避让（包括预制构件吊装、安装埋件、临时支撑固定件以及其他专业预留、预埋点位干涉情况）。

（7）工具式模板现浇墙体结构拉缝立面布置及构造做法。

（8）工具式模板一次现浇墙体（构造柱、门垛等）的平面布置做法。

（9）工具式模板在不同结构部位的配置做法（墙、梁、楼面、楼梯模板及相应支撑布置等），以及重点部位工具式模板节点做法（如门窗洞企口、滴水槽、压槽、传料口、布料机、降板部位等）。

（10）工具式脚手架附着支座与预制构件埋件干涉检查。

（11）塔吊、施工电梯附着点及附墙杆与竖向预制构件干涉情况检查。

4. 设计成果交底

部品部件生产前，深化设计单位宜对部品部件生产单位进行专项设计交底，交底可包含以下内容。

（1）项目部品部件实施概况，如部品部件类型、实施楼栋及楼层范围、楼层平面布置情况等。

（2）设计图纸注意事项，如设计图纸版本、局部构造做法说明、不同专业交接部位连接节点做法、复杂节点做法说明、各专业预留预埋布置情况等。

（3）部品部件在生产、转运、入库库存过程中的注意事项，如预制构件钢筋保护层控制、粗糙面设置、预留预埋定位控制、构件脱模砼强度、成品养护做法、堆垛存放等要求。工具式模板支撑体系布置、加固做法、厂内拼装要求、编码说明、打包等要求。工具式脚手架网片及脚手板加工要求、特殊部位脚手板配置、安全装置配置、组装配件配置等要求。

（4）部品部件出厂运输注意事项、相关资料要求，如部品部件装车固定做法、运输保护措施，以及部品部件清单、检验合格证明、进场验收表格的准备等。

3.2.2 BIM施工应用

1. 图纸会审

建模过程中，BIM工程师会将发现的图纸问题形成书面记录（表3-7），将问题反馈至设计单位。在图纸会审中，汇总全专业模型，通过三维模型分析图纸，提高图纸会审效率，实现各专业联合会审。

表3－7　BIM建模问题记录表示意

<table>
<tr><th>序号</th><th>记录人</th><th></th><th>记录时间</th><th></th><th>备注</th></tr>
<tr><td rowspan="2">M13</td><td colspan="2" rowspan="2">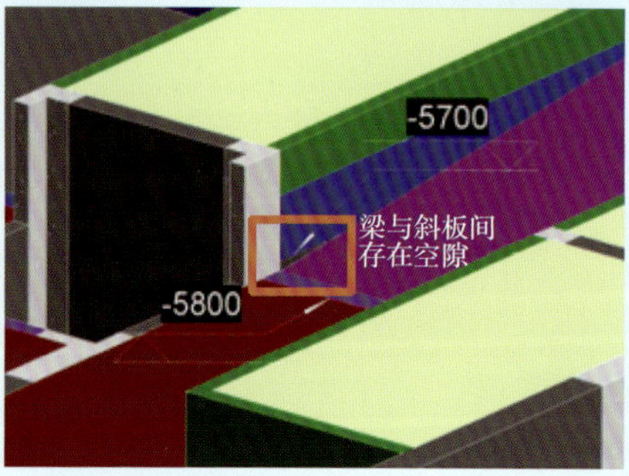
</td><td>位置/视图</td><td>地下一层TA-F～TA-H交TA-5～TA-6</td><td></td></tr>
<tr><td colspan="2">A塔地下一层TA-F～TA-H交TA-5～TA-6轴处斜板两侧与梁之间存在空隙（梁高700 mm，梁底标高-5.7 m，斜板最低处标高-5.8 m，板厚150 mm）</td><td></td></tr>
</table>

2. 装配式构件深化

装配式构件深化指的是对装配式建筑设计图纸进行可视化模拟，优化专业间的交叉协调，解决预制构件与现浇结构的碰撞冲突，模拟现场施工吊装方案（见图3-12～图3-14）。

利用BIM技术进行装配式构件吊装模拟，可以直观发现施工过程中的安全风险，提前策划和预防。同时，对安装过程进行全面解析，前期可用作施工现场交底，中期进行过程质量控制，后期进行施工质量验收。

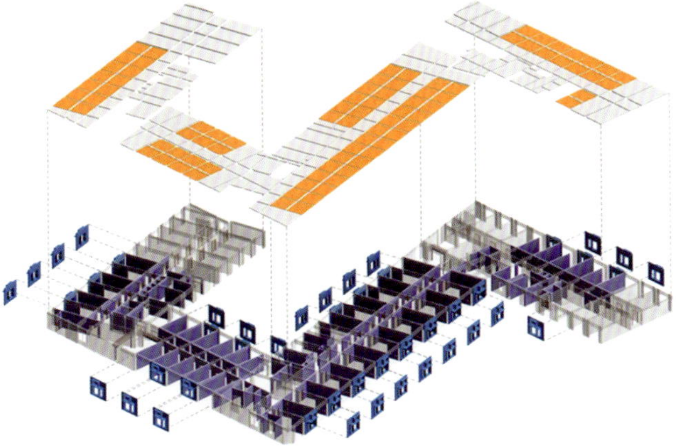

图3-12 预制构件拆分示意图

图3-13 构件模型示意图

图3-14 装配式构件施工过程模拟示意图

3. 进度管理

对项目建造过程进行动态模拟，利用可视化的优势验证其合理性和可行性，调整后可用于现场实施。在建设过程中，将实际进度与计划进度反映在模型中，可以直观地看到提前或滞后的区域，分析其原因，为进度纠偏提供参考（图3-15、图3-16）。

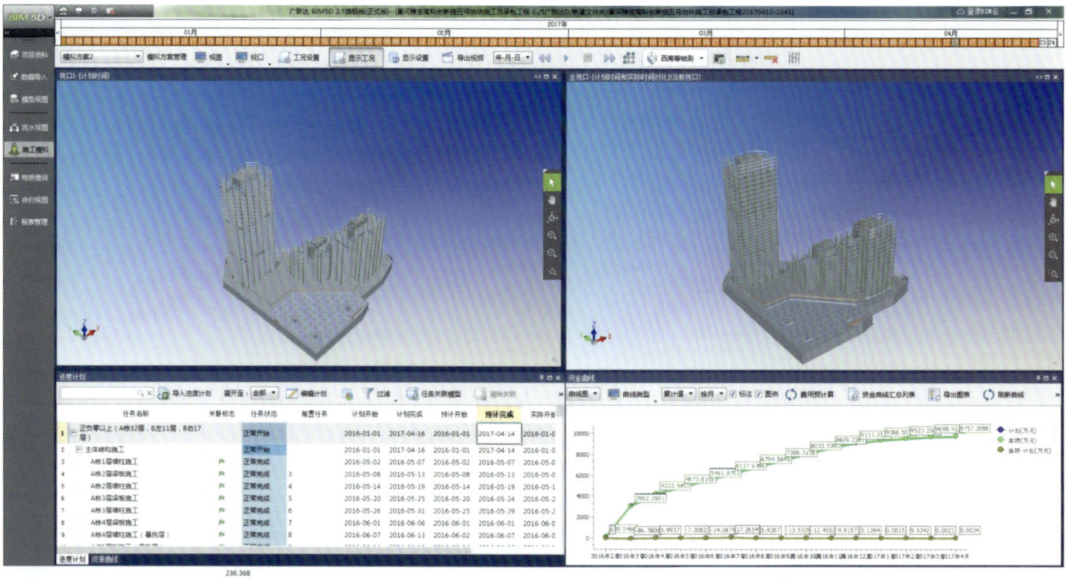

图3-15 施工过程模拟示意图

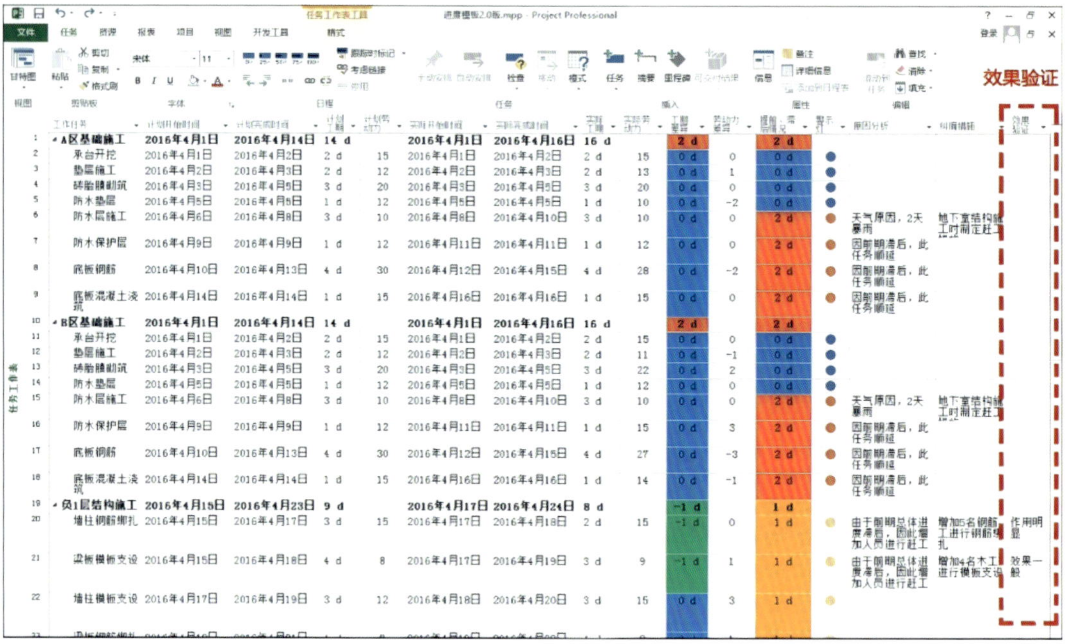

图3-16 进度表示意图

4. 屋面深化

屋面深化的具体内容是，在屋面结构施工前，对排气管、设备基础的位置以及面砖与分隔缝的排布进行深化设计，经项目各方审核确认后，对局部位置的复杂节点进行细化，导出二维图纸指导现场施工（图3-17、图3-18）。

图3-17 屋面局部效果示意图

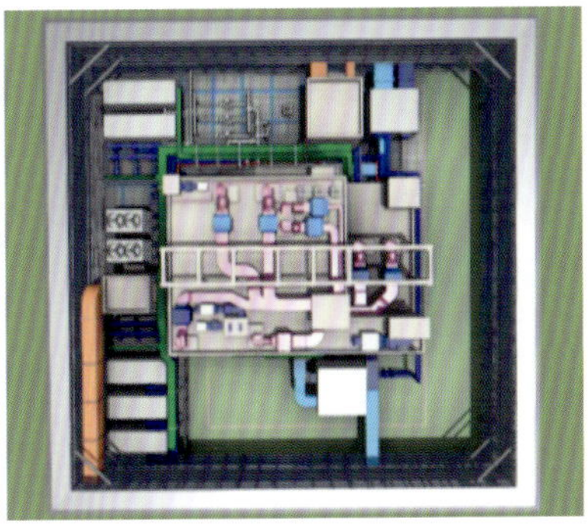

图3-18 屋面大面效果示意图

5. 幕墙深化

应用BIM技术建立精细化幕墙模型，并生成幕墙单元板块组装图，导出构件明细表，指导加工，可以提高工作人员组装效率（图3-19、图3-20）。

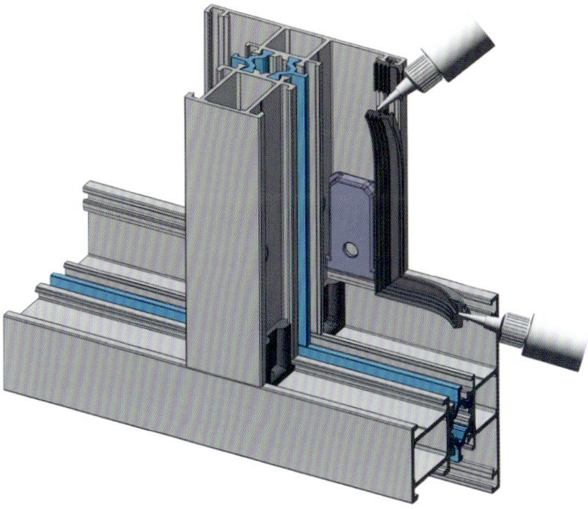

图3-19 幕墙节点示意图

序号	加工件名称	加工件编号	加工图编号	数量	型材模号	加工件长度
1	母立柱	JMUW58355-10Z	JMUW58355-10Z	1	-	4473
2	公立柱	JMUW58354-6Z	JMUW58354-6Z	1	-	4473
3	顶横梁	JMUW58377-3	JMUW58377-3	1	-	1862.5
4	底横梁	JMUW58376-2	JMUW58376-2	1	-	1785
5	中横梁	JMUW58381-1	JMUW58381-1	1	-	1779
6	窗底横	JMUW58387-2	JMUW58387-2	1	-	1779
7	玻璃护边	JMUW58356-3	JMUW58356-1	1	-	4460
8	玻璃护边	JMUW58356-4	JMUW58356-2	1	-	4460
9	扣条	JMUW58383-1	JMUW58383-1	2	-	1785
10	扣条	JMUW58383-2	JMUW58383-1	2	-	1799
11	横向饰线挑件	JMUW58359-1	JMUW58359-1	1	-	175
12	横向饰线挑件	JMUW58359-2	JMUW58359-2	1	-	180
13	母立柱	JMUW58355-6Z	JMUW58355-6Z	1	-	4473

序号	紧固件/配件规格	位置	数量	备注
50	ST5.5x16十字槽盘头不锈钢自攻螺钉（钉头抹密封胶）	铝板收口	48	-
51	ST6.3x38十字槽盘头不锈钢自攻螺钉/A2-70（钉头抹密封胶）	组框螺丝	60	-
52	M6x20十字槽盘头不锈钢机制螺钉/A4-70(钉头抹密封胶)	横竖向挑件	4	-
53	硅酮密封胶+φ8泡沫棒			-
54	硅酮密封胶+φ10泡沫棒			-
55	50*10*6mm硅橡胶垫块	扣条位		@500布置
56	100x43x8mm硅橡胶垫块	玻璃两侧		距玻璃边约250mm
57				
58	27*8mm厚硅酮结构胶	玻璃组框位		双面贴外露位涂黑胶处理
59				
60				
61	QHTL-GCGJ-03	钢角		-
62	ST-CD-01	防风销座		-

图3-20 导出构件表示意图

6. 管线综合深化

管线综合深化的是按照建模标准，建立并整合全专业BIM模型，合理排布各专业管线。通过碰撞检查、净高分析、综合支吊架设计、管井优化、预留洞口、设备机房深化等方面应用，结合现场指导施工，可以提高机电安装施工效率，有效避免返工造成的资源浪费。净高分析示意图见图3–21。管线综合漫游示意图见图3–22。

地下二层B4区主车道行人视角漫游

地下二层B4区主车道车辆视角漫游

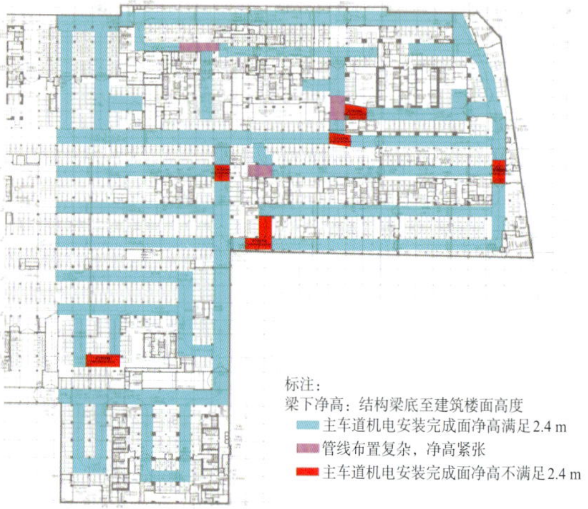

地下室二层车道净高分析

图3–21　净高分析示意图

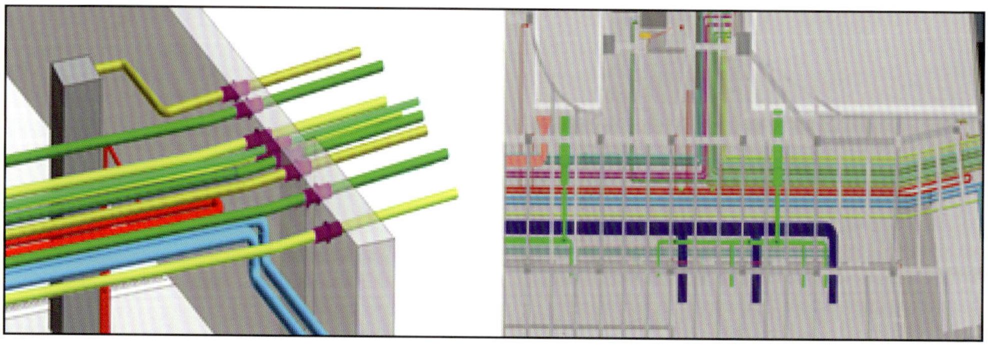

图3–22　管线综合漫游示意图

7. 综合支吊架设计

综合支吊架设计指的是根据各专业管线综合排布模型，设计综合支架，依据规范标准和厂家产品尺寸，形成支吊架加工图，用于指导现场施工，并实施集中加工。支吊架效果示意图见图3–23。承重支吊架剖面示意图见图3–24。

图3-23 支吊架效果示意图

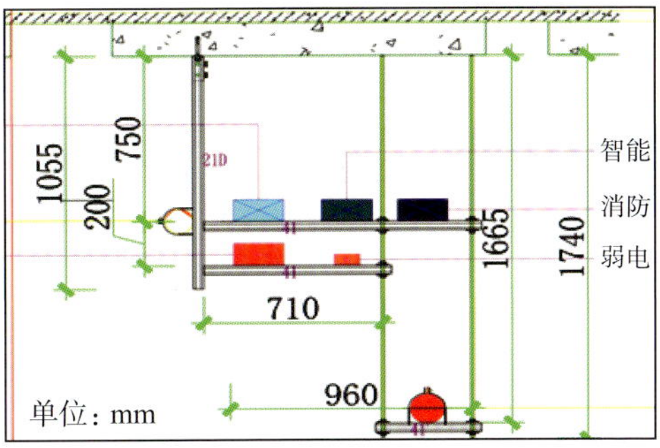

图3-24 承重支吊架剖面示意图

8. 管线综合应用

利用BIM模型对设备及管线安装进行模拟，可以制定最优化方案，保证地下室车道、车位、电梯厅等的管线净高符合要求，保证设备、管道安装精准高效。

对电井、水管井进行深化，提前考虑管道支架选型、水表布置间距以及配电箱摆放位置，可以避免冲突，并导出平面及三维视图（图3-25）指导施工。

图3-25 管线、管井深化示意图

9. 装配式机房深化

装配式机房深化指的是，利用BIM软件对冷水机房进行建模，按既定原则对所有设备及管路、支吊架、支撑进行拆分，完成装配构件加工图，并进行虚拟安装施工模拟，可以发现安装过程中的问题，做到提前规避（图3-26～图3-28）。

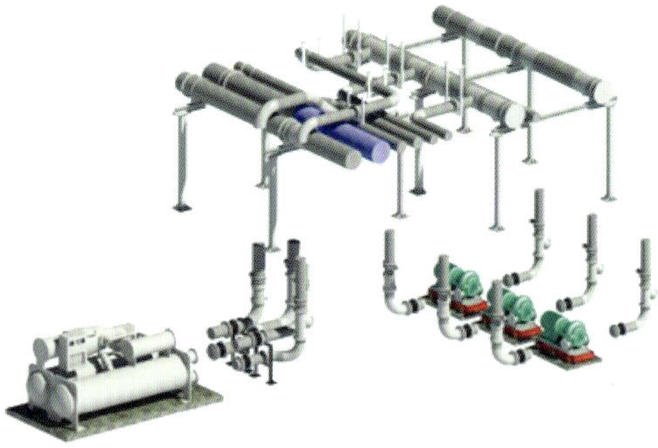

图3-26　冷水机组装配模块示意图

配件加工图

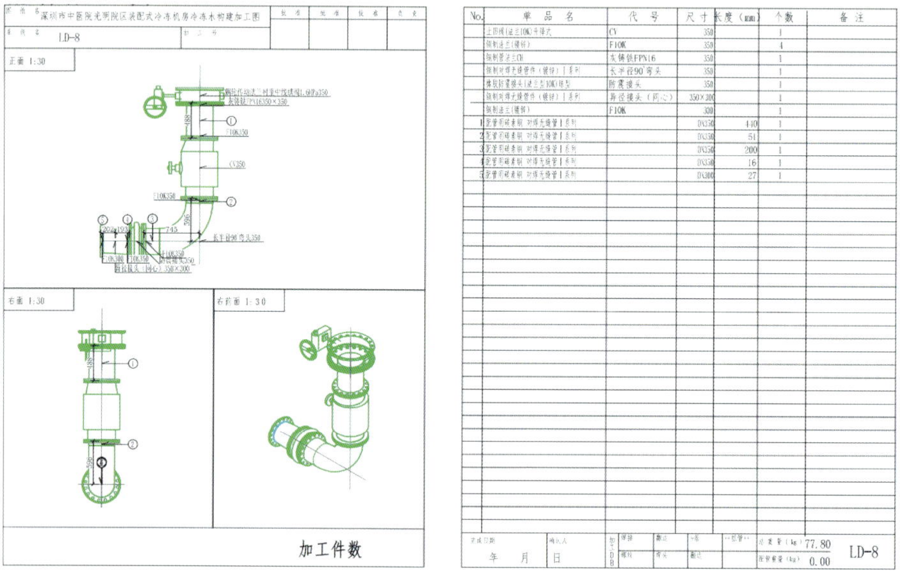

图3-27　构件加工图及下料清单示意图

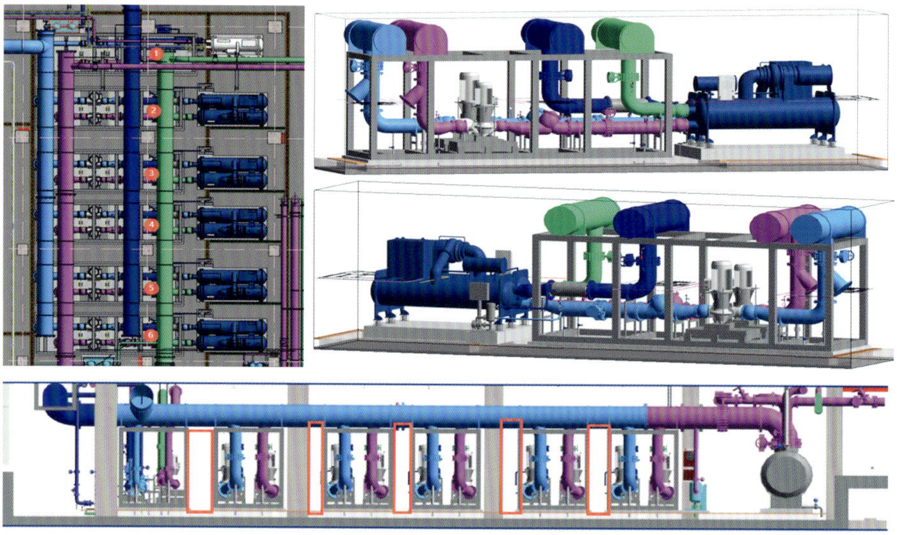

图3-28　机房模型示意图

10. 装修深化

应用BIM技术对装饰装修工程进行建模，对装修方案进行模拟、分析、优化，可以发现施工中可能存在的问题，并制作三维效果图（图3-29）进行展示选样，遴选出最佳方案。

图3-29 装修深化示意图

3.3 施工安排

3.3.1 总平面布置

1. 施工道路设置

考虑部品部件的场内运输，场内施工道路宜满足以下条件。

（1）主干道路应设置人车分流，双车道宽度不宜小于8 m，如受现场条件限制，应设置宽度为6.5 m的错车道。转弯半径不宜小于15 m，宜形成环形车道，宜采用消防通道及消防登高面。

（2）场内道路硬化厚度应为200～250 mm，应按照车辆载重设置双层双向钢筋、缓斜坡及防滑，应有排水措施。

（3）运输道路转弯半径不应小于16 m，运输车辆长度为17.5 m的，运输道路转弯半径不应小于22 m；运输车辆车长为13 m的，运输道路转弯半径不应小于18 m；运输车辆车长为9.6 m的，运输道路转弯半径不应小于12 m。

（4）施工道路承受运输车重量不宜小于45 t，当施工道路经过地下室顶板时，应编制专项施工方案对地下室顶板进行楼板安全及抗裂计算，并按照计算结果设置回顶或加固措施，经设计计算复核后实施。

（5）当场内无法形成环形通道时，宜设置回车场或掉头车道，以便于部品部件运输车掉头。

（6）场内行车速度不得超过20 km/h。

2. 部品部件堆场布置

部品部件堆场应满足吊装需求，宜满足以下条件。

（1）施工现场的部品部件应堆放至所对应楼栋周围，堆场大小由楼栋构件需求及现场条件决定，场地允许情况下可以在堆场备一层的部品部件。堆场应设置在起重设备作业半径内，避免构件二次转运；预制构件宜按安装顺序分类堆放，堆场宜布置在吊车工作范围内，且不受其他工序施工作业影响的区域。不同堆垛之间应留置2 m的通道。

（2）预制构件堆场应在总平面图中标识，堆场宜设置在地下室外侧和消防登高场地上；当堆场设置在地下室顶板上时，应编制专项施工方案对地下室顶板进行楼板安全及抗裂计算，并按照计算结果设置回顶或加固措施，经设计计算复核后实施。

（3）保证构件堆放有序、存放合理，确保构件起吊方便、占地面积最小。竖向构件堆放时根据竖向构件的吊装编号顺序进行堆放，堆放时要求两侧交错堆放，保证堆放架的整体稳定性。构件的存放架应具有足够的抗倾覆性能。

（4）叠合板堆放时，支点紧贴吊点架筋设置，且支点中心与吊点的距离不宜大于100 mm，如图3-30所示；支点处放置的垫木长度不宜小于100 mm，高度、宽度均不宜小于75 mm；垫木宜垂直于板长边方向摆放，且上下对齐；不同的板型应分别堆放，堆放高度不宜超过9层；若堆放高度超过9层，应满足以下规定：

①堆放地面应为刚性地面，承载力不应小于100 kPa；

②应使用刚性托盘存放叠合板，以保证底层支点水平，并增加防倾覆措施；

③应进行垫木抗压强度验算，并考虑垫木受潮的影响，支点不宜少于6点；

④堆放高度不宜大于1.8 m，若大于1.8 m，应符合高空作业的相关规范要求。

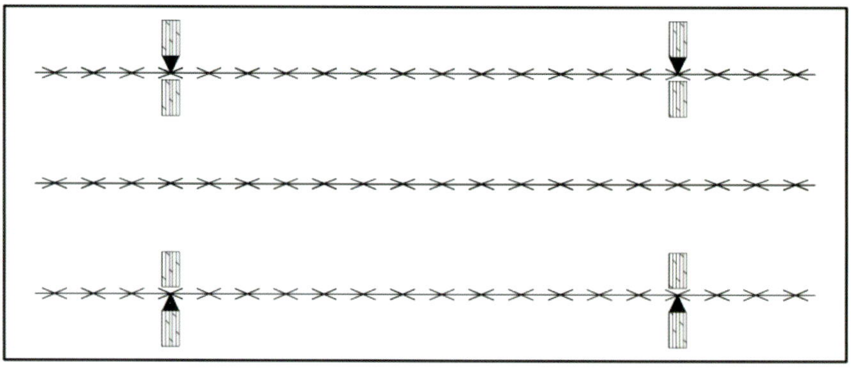

注：▼表示底板的吊点位置；▥表示垫木。

图3-30　叠合板堆放示意图

（5）堆放场地应平整，并设有排水措施，堆放时底板与地面之间应有一定的空隙；堆放时间不宜超过两个月。

（6）施工现场堆放区域应设置警戒线，严禁无关人员进入；应对现场预制构件堆放区域进行维护并作出明显标识。

（7）当受场地条件限制而无法设置部品部件堆场时，可采用随到随吊的处理方式，项目应制定专项组织安排措施。

3. 塔吊布置

1）布置原则

①塔吊平面布置主要考虑建筑高度、覆盖范围、构件吊重、安拆方便、防碰撞等影响因素，综合考虑后确定。

②在塔吊定位过程中，针对装配式建筑宜考虑两台塔吊覆盖三栋楼的方式进行布置，可以有效满足成本和吊装要求。若考虑每栋楼布置一台塔吊，不仅成本较高，而且塔机防碰撞也会存在一定难度。塔机交叉范围越大，对吊装效率影响越大。

③由于装配式建筑到了标准层后，楼栋之间的进度差很难调整过来，因此在塔吊前期定位时，应尽可能避免塔吊覆盖其他塔楼的主体结构，若确实无法避开时，则需要保证塔吊附着所在塔楼的施工进度快于所覆盖的其他塔楼（至少保证进度相同），提前做好施工进度安排。

④塔吊定位充分考虑其附着点以及附墙杆应尽量避开竖向预制构件，应错开排桩、内支撑、后浇带，标准节穿楼板尽量避免结构梁。

⑤塔吊定位应满足塔吊附着要求，应编制“塔机附着安装专项方案”。

⑥应编制“群塔防碰撞专项方案”。

2）选型要求

塔吊选型应满足以下要求。

①塔吊选型的主要因素是最重预制构件、最远预制构件的吊重，构件吊重应考虑吊具的重量，并考虑一定的安全富余。其计算方法为：[吊物重量（一般最重为PC构件）+吊具重量]×1.1倍动荷载系数，再依据塔吊对应吊距的额定起重量进行比较。当塔吊安装高度超过100 m时，还需要考虑钢丝绳重量。

②塔吊选型应综合考虑其他结构构件（如钢结构）的吊重。

③塔吊选型及数量应满足工效以保证施工进度要求。

3）吊重分析

塔吊吊重分析以某项目为例。

1#塔吊W7015-10E（R=60 m），主要服务于1栋，根据塔吊起重性能表（表3-8），找到臂长60 m时塔吊起重性能特性。

表3-8　塔吊起重性能表

起重臂		最大起重量	幅度/m																				
长度/m	倍率	幅度/m / 起重量/t	20.0	22.5	25.0	27.5	30.0	32.5	35.0	37.5	40.0	42.5	45.0	47.5	50.0	52.5	55.0	57.5	60.0	62.5	65.0	67.5	70.0
70（R=71.8）	ᑌ	2.5～28.8/5	5.00				4.75	4.31	3.93	3.60	3.31	3.06	2.84	2.64	2.46	2.30	2.16	2.02	1.90	1.79	1.68	1.59	1.50
	ᑌᑌ	2.5～15.8/10	7.60	6.60	5.81	5.17	4.64	4.20	3.82	3.49	3.21	2.95	2.73	2.53	2.35	2.19	2.05	1.91	1.79	1.68	1.58	1.48	1.39
67.5（R=69.3）	ᑌ	2.5～31.2/5	5.00					4.75	4.34	3.98	3.67	3.40	3.16	2.94	2.75	2.57	2.42	2.27	2.14	2.02	1.90	1.80	
	ᑌᑌ	2.5～17.1/10	8.34	7.26	6.40	5.70	5.13	4.65	4.23	3.88	3.57	3.29	3.05	2.84	2.64	2.47	2.31	2.16	2.03	1.91	1.80	1.69	
65（R=66.8）	ᑌ	2.5～32.2/5	5.00					4.95	4.52	4.15	3.83	3.55	3.30	3.08	2.87	2.69	2.53	2.38	2.24	2.12	2.00		
	ᑌᑌ	2.5～17.7/10	8.66	7.54	6.66	5.94	5.34	4.84	4.41	4.05	3.72	3.44	3.19	2.97	2.77	2.59	2.42	2.27	2.13	2.01	1.89		
62.5（R=64.3）	ᑌ	2.5～34.2/5	5.00						4.85	4.46	4.12	3.82	3.56	3.32	3.11	2.91	2.74	2.58	2.43	2.30			
	ᑌᑌ	2.5～18.7/10	9.26	8.07	7.13	6.36	5.73	5.20	4.75	4.57	4.01	3.71	3.45	3.21	3.00	2.81	2.63	2.47	2.33	2.19			
60（R=61.8）	ᑌ	2.5～34.8/5	5.00						4.97	4.57	4.22	3.92	3.64	3.40	3.19	2.99	2.81	2.65	2.50				
	ᑌᑌ	2.5～19.1/10	9.46	8.25	7.29	6.51	5.87	5.32	4.86	4.46	4.11	3.81	3.54	3.29	3.08	2.88	2.70	2.54	2.39				
57.5（R=59.3）	ᑌ	2.5～37.2/5	5.00							4.96	4.59	4.26	3.97	3.71	3.48	3.26	3.07	2.90					
	ᑌᑌ	2.5～20.4/10	10.00	8.91	7.88	7.05	6.36	5.77	5.28	4.85	4.78	4.15	3.86	3.60	3.37	3.16	2.97	2.79					
55（R=56.8）	ᑌ	2.5～38.4/5	5.00								4.76	4.42	4.12	3.85	3.61	3.40	3.20						
	ᑌᑌ	2.5～21.0/10	10.00	9.23	8.16	7.30	6.59	5.99	5.48	5.04	4.65	4.31	4.01	3.75	3.51	3.29	3.09						

1#塔吊最不利吊装情况分析：

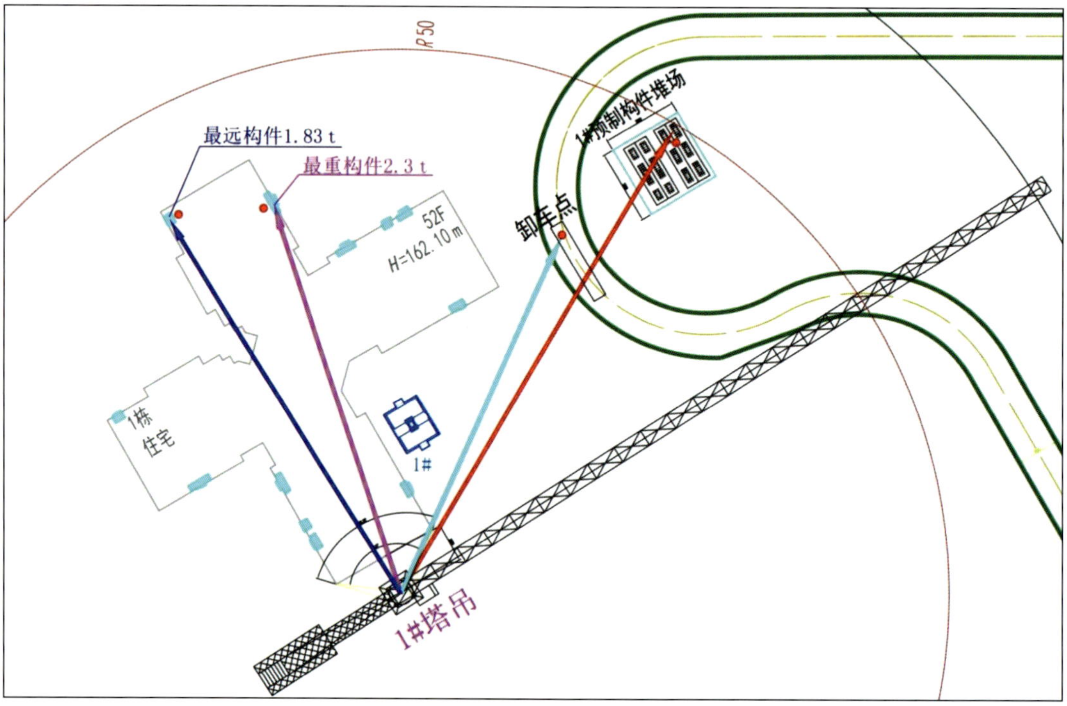

图3-31　1#塔吊吊重分析示意图

①预制构件最大自重2.3 t，吊具重量约0.5 t，共计2.8 t，构件吊装点距离塔吊中心最远50 m（从堆场起吊），塔吊吊装能力为3.19 t，满足吊装条件需要。

②预制构件最远点自重1.83 t，吊具重0.5 t，共计2.33 t，构件吊装点距离塔吊中心最远50 m（从堆场起吊），塔吊吊装能力为3.19 t，满足吊装条件需要。

注：进行吊重分析时应综合考虑塔吊能否满足最重构件、最远构件在卸车点、堆放点以及安装位置的吊运能力。图3-31为1#塔吊吊重分析示意图。

4. 施工电梯布置

施工电梯定位及选型应满足以下要求。

（1）根据楼栋结构工况及施工进度需求确定施工电梯型号、位置及数量。

（2）施工升降机安装位置应尽量避免在塔机平衡臂下方；同时施工升降机也尽量避免在塔机顶升方向上的起重臂和平衡臂下方，否则后期先拆卸塔吊时会出现塔机与施工升降机产生冲突、无法降节的情况。该情况下必须优先拆卸施工升降机，才能拆卸塔机，与当前先拆塔机后拆电梯的情况相悖，需要结合项目综合考虑。

（3）施工电梯附着位置必须避开预制构件，结合现场道路情况，布置在预制隔墙板、幕墙、装修材料等易于到达的位置。

（4）根据“施工升降机使用说明书”的要求浇筑完成施工电梯基础，埋设好基础基座或基础预埋件。

（5）根据“施工升降机使用说明书”的要求，选定施工电梯附墙方式，应编制“施工升降机附着安装方案”。

（6）当施工电梯位于地下室顶板或者楼板上时，应编制专项施工方案对地下室顶板进行楼板安全及抗裂计算，并按照计算结果设置回顶或加固措施。

3.3.2 施工进度计划

施工进度计划可分为部品部件施工计划和单体楼栋施工进度计划，用于对施工过程进行划分，明确各分项工程施工顺序及进度。

1. 部品部件施工计划

在装配式建筑项目实施过程中，宜在各分项专业深化设计工作开展前完成计划排期、部品部件生产排期、部品部件供应排期等环节，并将以上环节列入部品部件施工计划内，以确保部品部件深化设计、生产供应满足现场施工工作进度，实现各项工作任务有序衔接。表3-9所示为部品部件施工计划示例。

表3-9　部品部件施工计划示例

序号	任务名称	工期	开始时间	完成时间	周期
1	部品部件深化设计	分项工期	2022年7月1日	2022年8月4日	35天
2	部品部件生产	分项工期	2022年8月5日	2022年9月19日	45天
3	施工安装 （宜按照楼层细化）	分项工期	2022年9月20日	2023年8月1日	317天

2. 标准层施工进度计划

装配式建筑标准层施工前，宜按省、市装配式建筑相关施工要求，提前明确各工序环节、标准层施工工期等要求，确保标准层施工高效进行。表3-10所示为装配式建筑标准层施工工期安排示例。

表3-10　装配式建筑标准层施工工期安排示例

工期	时间	工序
第一天	上午	工具式脚手架爬升、放定位线和标高线、清理打凿、钢筋调整、现浇层与装配式建筑标准层钢筋检查验收（若使用预制楼梯构件，在第一天上午进行预制楼梯吊装）
	下午	吊装竖向构件、支撑安装、竖向构件处上翻梁钢筋绑扎、剪力墙、暗柱钢筋绑扎
第二天	上午	剪力墙、暗柱钢筋绑扎、竖向构件处上翻梁模板支设
	下午	转运工具式模板及支撑至施工作业层、剪力墙、暗柱钢筋绑扎
第三天	上午	剪力墙工具式模板安装、工具式模板支撑排架安装
	下午	剪力墙工具式模板安装、加固
第四天	上午	现浇梁、板底模、楼梯模板铺设
	下午	现浇梁钢筋吊装及绑扎
第五天	上午	水平构件吊装（除预制楼梯外）
	下午	现浇梁钢筋绑扎、楼梯钢筋绑扎
第六天	上午	现浇板钢筋吊装及绑扎、机电管线及线盒安装
	下午	现浇楼板钢筋绑扎、下沉板吊模安装、现浇梁板钢筋绑扎验收
第七天	上午	混凝土浇筑施工
	下午	混凝土浇筑施工、混凝土养护

3. 穿插流水施工计划

穿插流水施工适用于高层、超高层建筑，实施内容主要包含土建施工、水电及装修施工等环节。在此过程中可根据单体内楼层划分施工流水段，每个流水段按计划流水施工，便于穿插作业组织管理。在施工全过程中，自下往上流水的施工工序流水组织可有效缩短施工总工期，降低对劳动力数量的需求，提高工程管理的精细化水平。

穿插流水施工一般按照单体楼层从下往上的顺序划分流水段，在流水段内组织单专业施工，各平行流水段共同推进，实现立体穿插作业，提高整体施工效率。主体结构、内隔墙、铝合金门窗、外墙涂饰、墙地面铺贴等专业工序，可按层划分流水工序，其他专业可按户内功能区划分流水工序。

穿插流水施工的实施，宜符合装配式建筑施工应用相关要求。穿插流水施工宜前置完成设计图纸、技术体系、施工组织、质量验收、专业协同等技术工作（表3–11）。

表3–11　穿插流水施工技术准备

序号	专项	主要内容
1	设计图纸	①装饰装修设计图纸与结构图纸基本同步完成（±0.000结构施工前），提前完成各专业图纸审定； ②宜采用BIM技术对各专业施工设计图纸进行全面审查、优化； ③提前完成装修图、预制构件深化图和工具式模板、工具式脚手架深化图等专业图纸
2	技术体系	①主体结构采用铝合金模板体系+PC构件（内外墙质量达到免抹灰水平）； ②内隔墙采用高精砌块+薄抹工艺或内隔墙轻质条板（免抹灰，现场无湿作业）； ③外架采用工具式脚手架； ④预制部分铝合金外窗框一次性预埋、水电安装一次性预埋工艺； ⑤楼层施工截排水及止水系统
3	施工组织	①穿插流水施工组织，宜以工程总承包单位作为主导，负责项目穿插流水施工安全、施工质量和施工进度； ②工程总承包单位宜提前编制整体穿插流水施工方案，分包单位根据整体方案进行细化，制定本专业穿插流水施工方案； ③单体建筑宜按照专业施工流水段划分，各分段组织顺序穿插流水施工； ④宜提前明确各专业材料安排及机械设备准备情况，确定采购计划、材料品牌、进场时间等事项； ⑤宜提前确定各专业分包单位，并制订分包单位人员、材料进场计划

续上表

序号	专项	主要内容
4	质量验收	①穿插流水施工涉及多个专业、多家单位协同，工程总承包单位宜作为牵头主导方，管理穿插流水施工安全、质量，确保现场上下施工段工作面交叉有序推进，满足方案计划要求； ②穿插流水施工过程中，宜采取措施针对施工分段止水，防止作业区交叉产生污染； ③穿插流水施工过程中，在上部楼层主体结构施工的同时，插入下部楼层装饰装修施工，宜提前与上级管理部门沟通，确定相关穿插流水段验收程序。可考虑按照单体楼层划分，分批组织中间验收
5	专业协同	①工程总承包单位与各分包单位宜提前确定各专业工序界面移交流程，明确移交资料及质量标准要求； ②对于烟道、预留洞、施工洞口、水电井、楼梯间、电梯井等部位，各专业工序完成后，均需采取措施进行层间止水，避免雨水影响下部楼层施工

4. 穿插流水施工工序

工程总承包单位宜根据穿插流水施工各环节（主体施工工程、水电施工、户内装修、外立面装饰），划分楼层对应工序事项。表3-12所示为穿插流水施工工序示例。

表3-12　穿插流水施工工序示例

楼层	主体施工工程	水电施工	户内装修	外立面装饰
N	测量放线、工具式脚手架爬升、柱梁板部位工具式模板安装、PC竖向构件安装、柱梁板钢筋绑扎、PC水平向构件安装、现浇与装配式建筑标准层钢筋检查验收、柱梁板混凝土浇筑	墙柱水电预埋、梁板水电配管施工	—	—
N-1	工具式模板拆除、混凝土养护、实测实量、预制楼梯吊装、验收及楼梯封模	—	平整处理内墙墙面	外墙修补、施工预留洞填补、窗框安装、填缝打胶
N-2	层间截排水、清理工作界面、打磨修补	管道支吊架安装、内外墙水专业立管安装、电气配管安装、电管穿线留口	—	外墙第一遍腻子及冲筋

续上表

楼层	主体施工工程	水电施工	户内装修	外立面装饰
N-3	打磨修补、止水	水电整改、给水管安装、电气管内穿线接线	—	外墙第二遍腻子及打磨、外墙底漆、阳台栏杆安装、玻璃安装、空调支架安装、百叶安装
N-4	楼梯间隔墙板施工	吊顶内管线安装、入户门安装、户内厨卫立管安装	—	外墙面漆
N-5	防火门框安装	公共区域消防立管安装、喷淋及水电管线施工、户内厨卫防水施工	天花找平	—
N-6	—	—	移交装修	—
N-7	—	—	公共部位移交装修	—
N-8	公共区域轻质隔墙板	消防箱安装	测量放线、线管线盒施工、厨卫墙地面处理	—
N-9	—	公共部位桥架安装	吊顶龙骨施工、整体卫浴进场安装/厨卫墙地砖施工、门坎石铺贴	—
N-10	—	公共部位桥架穿线、桥架电缆敷设、电梯门框安装	墙面龙骨安装、门套、窗套安装	—
N-11	—	卫生间五金洁具安装到位	第一遍腻子，第二遍腻子（若有），吊顶饰面安装	阳台涂饰

续上表

楼层	主体施工工程	水电施工	户内装修	外立面装饰
N-12	—	—	底漆面漆施工（若有），墙面饰面安装	—
N-13	—	—	窗扇安装、地面饰面施工	—
N-14	—	—	门扇、柜体安装，末端点位设备安装、部品安装及调试	—
N-15	—	—	保洁	—

4

装配式施工

不同类型部品部件施工前，宜明确各项施工要点及施工工艺流程，并制订相应施工组织措施、计划。为保证项目落实“两提两减”等计划目标，规避施工过程中可能出现的技术、管理、质量等问题，在正式施工前应根据项目特点，编制完善部品部件施工类常见问题预案，保证项目高效有序推进。

4.1 装配式建筑施工要点

4.1.1 部品部件运输

（1）工程总承包单位宜提前将预制构件进场需求计划通知预制构件厂家，以便于预制构件厂家进行运输调度。

（2）预制构件出厂前，需做好构件成品保护措施。水平预制构件宜采用水平运输形式，设置木方、胶垫进行支垫，并使用捆绑带固定预制构件，避免运输过程中磕碰损坏。水平构件叠放运输时，注意按照相关规范要求控制叠放层数、车货总高度。

（3）竖向预制构件宜采用竖直运输，装放在固定工装架上，预制构件之间、预制构件与工装架之间宜设置胶垫、木方进行保护，避免运输过程中发生磕碰。对于超高构件，宜提前规划运输路线，并核查场内障碍物隐患。当预制构件超高，无法竖向运输时，场内宜提前准备翻转架，辅助预制构件吊装作业。装载预制构件时，宜根据预制构件外形及重量情况，合理安排装载顺序及装载分布，避免出现车辆载重分布偏差较大的情况。图4–1所示为预制构件装车。

图4–1 预制构件装车

（4）预制构件运输路线的选择需充分考虑禁运路段，涵洞、高架桥等限高、限重、限宽等约束条件，并考虑路面综合状况，选择路面较平、较宽、畅通的路段进行运输，以避免预制构件受到较大颠簸、摇晃等不利因素影响。规划最佳路线的同时，至少规划一条备选路线。预制构件厂家选定并考察运输路线后，宜按照考察情况整理为运输路线考察记录表，如表4–1所示。

表4–1 预制构件运输路线考察记录表示例

序号	道路情况		交通情况		场地情况	
1	道路、闸口限宽		车型1说明及限载情况		项目出入口通行要求	
2	道路、闸口限高		车型2说明及限载情况		项目出入口路面平整情况	
3	道路转弯半径		交通禁行路段（首选路线）		塔吊范围内堆场情况	
4	路桥限重		交通禁行路段（备选路线）		卸车点可停放车辆数量	
5	道路陡坡		交通频繁拥堵路段		项目楼栋号标识	
6	输电线情况		事故高发路段		项目其他场地情况	
备注	车型1、车型2：当项目采用不同车型运输预制构件时，按照不同车型区分情况说明					

（5）工具式模板出厂运输前，宜按照工具式模板拼装编号进行打包，便于现场查找及拼装。

（6）内隔墙轻质条板出厂运输前，宜按照使用楼层、部位、尺寸进行编号打包，按现场施工顺序进行运输安排。

（7）内隔墙轻质条板出厂运输前，宜采用包装带绑扎牢固，防止运输过程中颠簸磕碰。

（8）装配式装修工程配套部件应与部品进行同批次运输交付，便于施工现场装配安装。

4.1.2 施工器具使用

（1）预制构件属于大型混凝土制品，在转运、运输、吊装等各类工况中，宜对使用的工具进行专项设计、检查。对于特殊、异形构件，宜另行设计专用吊具。钢丝绳、钢制吊具等主要重复周转工具，宜进行配套使用工况下的受力计算，定期进行维护。吊装工具宜按照项目工期计划，提前进行配置。图4–2所示为部分预制构件吊装常用吊具。

钢丝绳

吊索链、吊钩

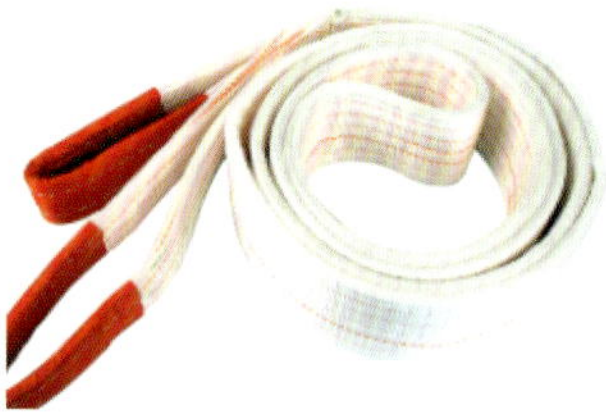

吊装带

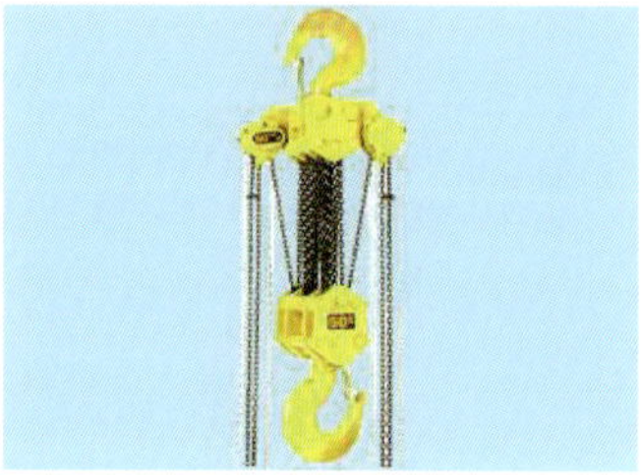

手拉葫芦

钢制梁式吊具

钢制架式吊具

图4–2　部分预制构件常用吊具

（2）根据预制构件类型，提前准备专用临时支撑、角码、一字码等相关配件。

（3）对于灌浆套筒、波纹管等需要注浆的连接节点做法，施工单位宜提前准备灌浆设备、辅助工具和检验工具，如砂浆搅拌机、电子秤、刻度杯、测温计、搅拌桶、截锥试模、带刻度钢化玻璃板、试块试模、灌浆泵等（图4–3）。

砂浆搅拌机

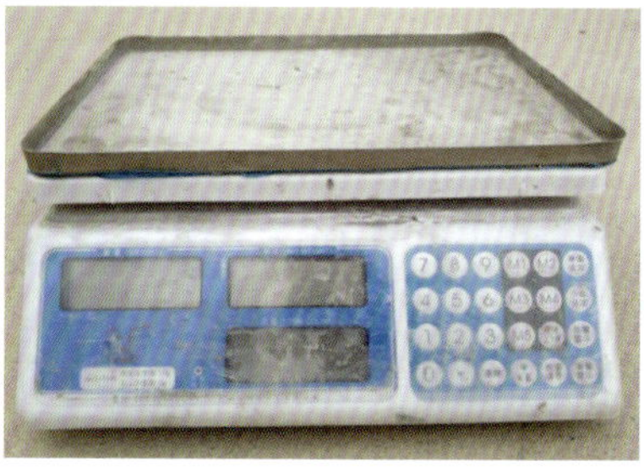

电子秤

搅拌桶

截锥试模

试块试模

灌浆泵

图4–3　部分灌浆设备及工具

（4）根据选用内隔墙轻质条板类型，准备施工辅材、工具，如卡码、射钉枪、木楔、撬棍、胶垫、切割机、电钻等。

（5）根据选用装修部品部件准备施工辅材、工具，如电钻、电锤、切割锯、螺丝刀、活动扳手、拉钉枪、红外线水平仪、水平尺、靠尺、钢卷尺等。

4.1.3 部品部件吊装

（1）根据塔吊位置，预制构件宜按照由远到近原则排序，编制预制构件吊装分区计划、完善分区填色图，构件运输按照分区图堆垛装车，现场根据分区图（图4–4）吊装作业。预制构件吊装见图4–5。

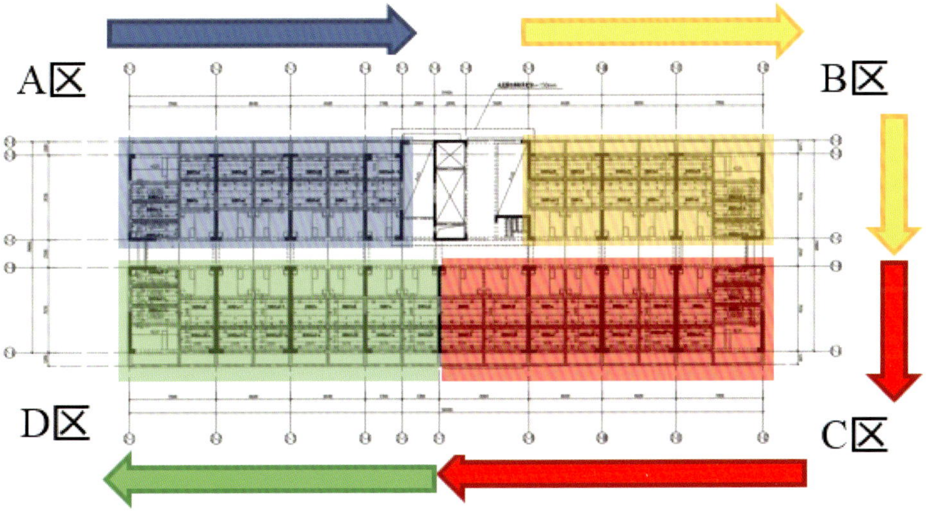

图4–4 预制构件吊装分区图

图4–5 预制构件吊装

（2）预制构件安装前宜根据施工图纸及吊装分区图，按照安装顺序核对构件编号、确定安装位置，并在现场相应位置做好标记。

（3）内隔墙轻质条板现场运输过程中，宜按照墙板高度及堆垛重量情况，选择通过施工电梯运输到施工楼层，或采用塔吊吊运至施工楼层卸料平台。

（4）内隔墙轻质条板现场运输到作业面后，宜分类按规格堆放，且需分散堆放，避免荷载过于集中。

（5）对于超大超常规部品部件，工程总承包单位宜编制专项方案，明确生产运输、吊装安装过程中相关注意事项。

4.1.4 特殊楼层施工

（1）装配式建筑首层、避难层上下楼层、楼栋顶层施工前，宜提前与预制构件深化设计单位沟通确认相关构造节点大样、施工工序做法，宜注意针对预制与现浇转换部位连接情况、钢筋连接情况进行检查验收。

（2）装配式建筑首层预制凸窗构件施工前，需提前复核预制构件底部现浇构造做法。此处构造的平面外形需与预制凸窗构件底视图外形相符合，便于装配式建筑首层预制凸窗构件安装完善相应防水构造。

（3）装配式建筑首层、避难层上下楼层、楼栋顶层部位，竖向构件施工前宜按照层高、反坎节点大样要求，复核反坎设计做法、调整预埋连接件，确保预制构件安装精度，保证预制构件标高定位与施工图要求相符合。

（4）装配式建筑首层、转换楼层、避难层上下楼层、楼栋顶层等部位工具式模板施工，宜提前与工具式模板深化设计单位沟通确认相关连接节点大样、施工工序做法、模板布置及支撑加固做法等。宜注意检查工具式模板与其他模板转换部位，相应模板布置情况及支撑加固措施。

（5）装配式建筑首层、层间平面缩进楼层、塔吊附着楼层部位工具式脚手架施工，宜提前与工具式脚手架深化设计单位沟通确认脚手架机位布置、附墙支座节点大样、钢支撑布置、脚手板及翻转件布置情况、施工工序做法等。

（6）叠合构件及后浇节点宜注意，同一楼层中后浇混凝土，若存在混凝土的设计强度等级与一般商品混凝土的强度等级不一致的情况，需在对应浇筑区域作出醒目标识，防止作业混乱出错。

4.2 预制构件施工要点

4.2.1 预制柱

预制柱见图4-6。

图4-6 预制柱

1. 施工准备

（1）构件进场时应根据国家、地方及企业、设计标准进行专项验收，验收标准宜在首批构件验收前进行统一规定。

（2）构件进场后需将附带资料（基础资料包括材料进场验收单、出厂合格证、抗压强度报告、原材料检测报告、配合比报告；其他资料，如结构性能检验报告、预埋件检验报告、合同要求的其他资料等，按项目实际需求进行准备）存档保管，以备检查。

（3）构件经检查合格后，在构件上弹出安装中心线，作为安装、矫正依据。

（4）灌浆施工前准备搅拌机具、灌浆设备、模板及养护物品。

（5）在完成测量作业后，施工技术人员利用钢筋定位装置对预留的竖向钢筋予以严格复核，并对存在偏位的钢筋进行矫正处理。

（6）金属件准备，如斜撑端部固定件、斜撑底座固定件、斜撑杆件、斜撑固定螺栓、拉钩预埋环等。

2. 施工流程

预制柱施工流程见图4-7。预制柱施工流程及要点如表4-2所示。

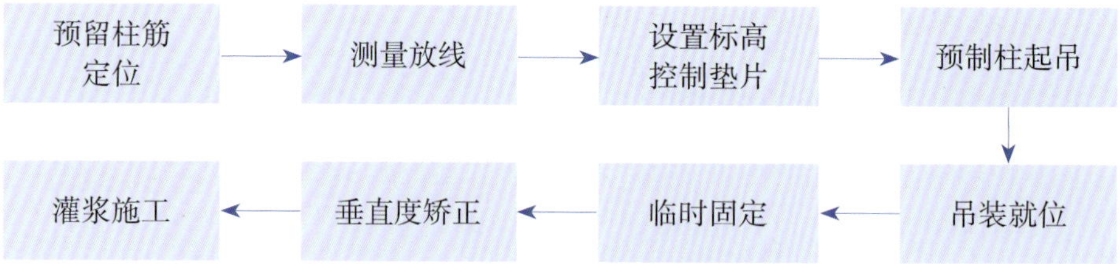

图4-7　预制柱施工流程

表4-2　预制柱施工流程及要点

序号	流程	要点
1	预留柱筋定位	①根据控制点在楼层模板上放出柱轴线位置； ②根据下层柱筋延伸，放置本层柱筋； ③按结构要求放置箍筋； ④用经纬仪矫正定位模具，完成后绑扎固定
2	测量放线	柱续接下层钢筋位置、高程复核，接续混凝土面确保清理干净，柱位置弹线
3	设置标高控制垫片	①对于各预制柱，在构件下面设置三点或四点垫片进行控制； ②垫片厚度宜根据实际标高偏差值设置； ③对于垫片，提前用水平仪将标高测量准确
4	预制柱起吊	①吊装前对预制柱进行质量检查，重点为主筋续接套筒质量检查及内部清理工作； ②预制柱吊起竖立前，在底部位置设置橡胶地垫，防止过程中构件受损； ③开始起吊时，宜先将构件吊离地面200～300 mm后，检查起重机稳定性、制动装置可靠性、预制构件平衡性和绑扎牢固性等，确认无误后，方可继续起吊
5	吊装就位	构件吊装宜采用慢起、快升、缓放的操作方式。构件降落至距楼面600 mm处时，稍作停顿，由操作人员就位后引导构件缓慢下落
6	临时固定	构件缓慢下落至稳定状态，且复核标高准确无误后，由专人安装斜支撑，利用斜支撑固定并调整预制柱
7	垂直度矫正	待预制柱水平就位调节完毕后，利用斜撑调节杆，微调保证柱体垂直度
8	灌浆施工	①灌浆施工作业前，对接缝周围进行封堵； ②灌浆采用高压灌浆机施工作业，由注浆口（下口）逐渐充填，浆料先填充至底座，再从排浆口（上口）溢出，直至每个排浆口都溢出浆料为止； ③灌浆完毕后，每个套筒的排浆口及注入口用橡胶塞封堵

3. 施工常见问题及预案

施工常见问题及预案如表4–3所示。

表4–3　施工常见问题及预案

序号	问题	预案
1	叠合梁与预制墙、柱接头的核心区钢筋密集，处理困难 	设计时需充分考虑钢筋避让、安装顺序、安装间隙、施工效率情况，必要时建议在设计阶段采用BIM技术，进行节点钢筋碰撞检查和构件预拼装施工模拟，并提供详细的装配图
2	实际平面位置与设计平面位置偏差或垂直度不符合要求 	①严格控制预留插筋定位的精确度； ②测量放线时将定位线和控制线在安装楼面画出，在构件上弹出安装中心线； ③矫正垂直度后，宜再检查平面定位； ④保证经纬仪视线面与观测面相互垂直，以防止因观测点偏差而产生测量偏差，尽量避免因遮挡而影响观测
3	灌浆材料强度、流动度等特性不满足要求 	①严格控制原材料，杜绝水泥质量不良、骨料质量不良、拌和水质不良、外加剂质量不良等问题； ②严格控制灌浆料配比； ③灌浆施工时，环境温度不低于5℃，当连接部位养护温度低于10℃时，采取加热保温措施； ④灌浆料拌合物宜在制备后30 min内用完
4	套筒灌浆不饱满或柱底漏浆 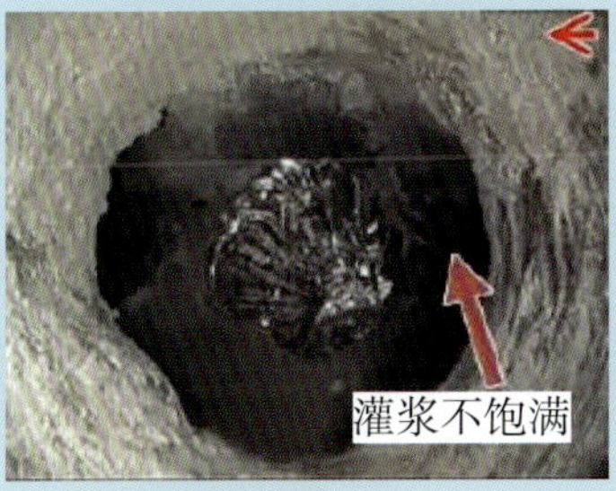	①通过控制注浆压力来控制注浆料流速，控制依据为灌浆过程中本灌浆腔内已经封堵的灌浆孔或出浆孔的橡胶塞能耐住低压注浆压力不脱落为宜，如果出现脱落则立即塞堵并调节压力； ②若出现漏浆现象则停止灌浆并处理漏浆部位，漏浆严重则提起柱子重新封堵

4.2.2 预制叠合梁

预制叠合梁见图4-8。

图4-8 预制叠合梁

1. 施工准备

（1）构件进场时应根据国家、地方及企业、设计标准进行专项验收，验收标准宜在首批构件验收前进行统一规定。

（2）构件进场后需将附带资料（基础资料包括材料进场验收单、出厂合格证、抗压强度报告、原材料检测报告、配合比报告；其他资料包括结构性能检验报告、预埋件检验报告、合同要求的其他资料等，按项目实际需求进行准备）存档保管，以备检查。

（3）金属件准备，如灌浆套筒、螺纹套筒等。

2. 施工流程

预制叠合梁施工流程见图4-9。预制叠合梁施工具体流程及要点如表4-4所示。

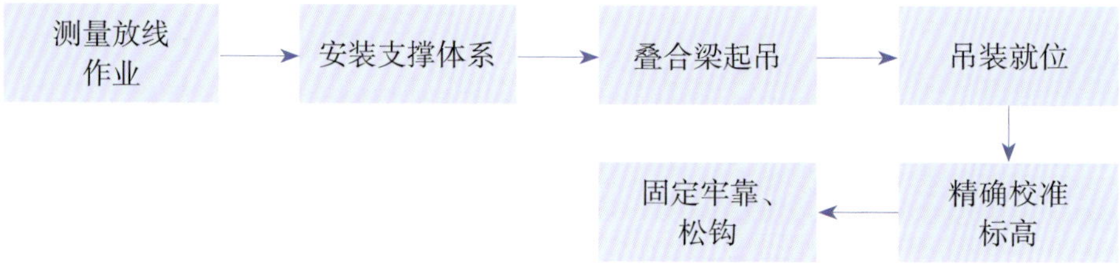

图4-9 预制叠合梁施工流程

表4–4　预制叠合梁施工流程及要点

序号	流程	要点
1	测量放线作业	按照预制构件平面布置图纸，分别弹出定位线和水平控制线，以及标高控制线
2	安装支撑体系	预制梁吊装至梁支座位置前，提前就位支撑架并将标高设置正确，且需保证支撑架可根据梁就位情况，进行临时调节
3	叠合梁起吊	①开始起吊时，宜先将构件吊离地面200～300 mm后，检查起重机稳定性、制动装置可靠性、预制构件平衡性和绑扎牢固性等，确认无误后，方可继续起吊； ②先吊装主梁后吊装次梁，吊装次梁前必须完成对主梁的校正
4	吊装就位	构件吊装宜采用慢起、快升、缓放的操作方式。叠合梁吊运至楼面600 mm左右时，稍作停顿，由操作人员引导叠合梁缓慢降落至柱头支点上方
5	精确校准标高	根据梁底标高、梁边控制线，校准叠合梁标高、水平定位，确保叠合梁满足设计标高控制要求及水平定位控制要求
6	固定牢靠、松钩	确保叠合梁位置准确，临时固定牢靠后解除吊索

3. 施工常见问题及预案

施工常见问题及预案见表4–5。

表4–5　施工常见问题及预案

序号	问题	预案
1	支撑的搭设不满足方案要求，易造成构件裂缝 	根据相关规范对支撑体系进行设计计算；设计施工载荷应满足《建筑结构荷载规范》(GB 50009—2012)的要求，对杆件的纵横向间距、杆件的稳定性及构造措施、拆除时间等作出明确说明。对于超出一定规模的支撑体系，还应组织专家论证
2	叠合梁与支座连接位置漏浆 	①吊装前调平支撑系统顶标高； ②提前在梁外侧与模板上口、侧边接头部位缝隙处做好封堵，防止漏浆； ③墙柱模板安装就位需再次检查模板接缝部位是否处理到位

续上表

序号	问题	预案
3	吊装方法不正确；吊点位置不正确 	①吊装作业前对吊装设备进行最不利工况的验算； ②注意按照正确吊装方法和安全操作规程进行作业； ③吊点位置要符合设计要求
4	梁中线与墙柱支座中线位置偏差超过容许值 	①加强中线测量复核，确保中线放样无误； ②仔细研究设计图，正确安装支座和预制梁，当发现支座位置安装不准确时，将梁板吊起，重新安装支座，或是预制梁安放位置不准确时，应将预制梁重新安放，严禁使用撬棍强行撬动预制梁纠正偏位

4.2.3　预制叠合板

预制叠合板如图4-10所示。

图4-10　预制叠合板

1. 施工准备

（1）构件进场时应根据国家、地方及企业、设计标准进行专项验收，验收标准宜在首批构件验收前进行统一规定。

（2）构件进场后需将附带资料（基础资料包括材料进场验收单、出厂合格证、抗压强度报告、原材料检测报告、配合比报告；其他资料包括结构性能检验报告、预埋件检验报告、合同要求的其他资料等，按项目实际需求进行准备）存档保管，以备检查。

（3）构件运输时，宜根据构件吊装顺序装车，以节省现场找板时间。

（4）安装前根据施工图纸，按吊装顺序核对构件编号，确定安装位置并在现场相应位置做标记。

2. 施工流程

预制叠合板施工流程如图4–11所示。预制叠合板施工具体流程及要点如表4–6所示。

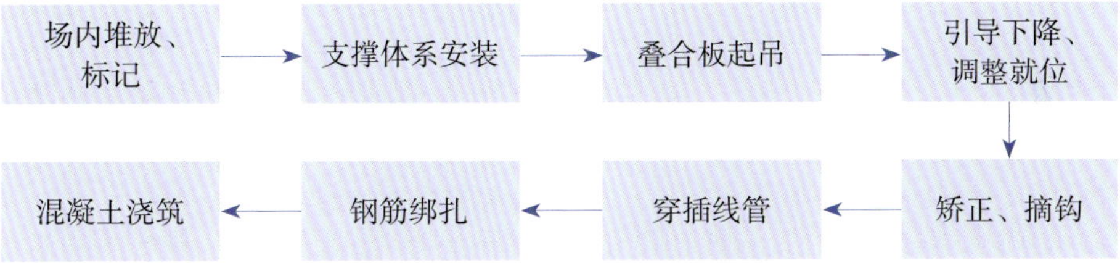

图4–11　预制叠合板施工流程

表4–6　预制叠合板施工流程及要点

序号	流程	要点
1	场内堆放、标记	①安装前根据施工图纸按吊装顺序核对构件编号，确定安装位置并在现场相应位置作标记； ②检查叠合板规格、型号是否正确，是否有质量缺陷，吊具等是否完好，无误后进行吊具安装
2	支撑体系安装	安装楼板支撑，楼板支撑按照设计图纸要求进行布置，或与工具式模板支撑体系同步安装
3	叠合板起吊	开始起吊时，宜先将构件吊离地面200～300 mm后，检查起重机稳定性、制动装置可靠性、预制构件平衡性和绑扎牢固性等，确认无误后，方可继续起吊
4	引导下降、调整就位	构件吊装宜采用慢起、快升、缓放的操作方式。吊装高度剩余600 mm时，由工人引导吊装，利用牵引绳缓慢使其就位
5	矫正、摘钩	测量叠合板定位、叠合板伸入支座尺寸，矫正后摘钩
6	穿插线管	根据水电施工图纸，铺设水电管线
7	钢筋绑扎	绑扎叠合板上层钢筋及梁上部钢筋，完成后由监理人员进行钢筋验收
8	混凝土浇筑	清理工作面。浇筑前各项验收完成后，进行混凝土浇筑、振捣工作

3. 施工常见问题及预案

施工常见问题及预案见表4-7。

表4-7　施工常见问题及预案

序号	问题	预案
1	预制板超厚、面筋绑扎等问题导致浇筑完成的楼板超厚  	①严格控制预制叠合板生产厚度； ②当楼板总板厚为130 mm（预制层60 mm+现浇层70 mm）时，可考虑适当降低桁架钢筋高度； ③叠合板面筋绑扎时宜避开桁架筋焊点，桁架筋上层垂直向钢筋宜控制为单层绑扎
2	叠合板翘曲超过规范允许值 	①定期检查生产模具是否发生变形，对已发生变形的模具进行校正调整； ②严格控制叠合板的脱模起吊时间； ③严格按照规范管理现场存放的叠合板，堆放时间不宜超过两个月
3	叠合板边缘破损 	①运输前将叠合板固定牢靠，避免在运输过程中因路面颠簸发生磕碰； ②转运或吊装时宜稳起稳放，避免撞击导致叠合板破损

续上表

<table>
<tr><th>序号</th><th>问题</th><th>预案</th></tr>
<tr><td rowspan="2">4</td><td>桁架上弦筋与设备管线碰撞</td><td rowspan="2">①生产时控制好叠合板厚度和钢筋保护层厚度；
②当现场发现此问题时，为保证管线穿过桁架筋，叠合板吊装完成后，可切断与管线碰撞的桁架筋上弦筋；严禁暴力敲击桁架筋使其变形，以防止叠合板破损、开裂</td></tr>
<tr><td></td></tr>
<tr><td rowspan="2">5</td><td>堆放叠合板的垫块位置摆放不规范</td><td rowspan="2">预制构件叠放时每层构件间垫块应对齐，垫块位置可横向放置在长边1/4～1/5的位置</td></tr>
<tr><td>
</td></tr>
<tr><td rowspan="2">6</td><td>叠合板和工具式模板定位存在偏差</td><td rowspan="2">①安装首层工具式模板时，宜对照工具式模板平面施工图纸与构件平面布置图，现场核对实际尺寸；
②检查建筑主体结构图纸是否存在上下楼层局部缩进情况，或核对主体结构图纸是否有变更情况</td></tr>
<tr><td></td></tr>
</table>

续上表

序号	问题	预案
7	预埋套管上下位置存在偏差  	在吊装叠合板时，利用铅锤或其他工具，尽量保持上下层叠合板的预埋套管在同一垂直线上
8	支座处大直径钢筋碰撞 	①在深化设计阶段，在平面图内排出钢筋节点，进行避让； ②转运或吊装安装时宜稳起稳放，避免撞击导致叠合板破损

4.2.4　预制剪力墙

预制剪力墙见图4-12。

图4-12 预制剪力墙

1. 施工准备

（1）构件进场时应根据国家、地方及企业、设计标准进行专项验收，验收标准宜在首批构件验收前进行统一规定。

（2）构件进场后需将附带资料（基础资料包括材料进场验收单、出厂合格证、抗压强度报告、原材料检测报告、配合比报告；其他资料包括结构性能检验报告、预埋件检验报告、合同要求的其他资料等，按项目实际需求进行准备）存档保管，以备检查。

（3）构件经检查合格后，在构件上弹出安装中心线，作为安装、矫正依据。

（4）灌浆施工前准备搅拌机具、灌浆设备、模板及养护物品。

（5）在完成测量作业后，施工技术人员宜利用钢筋定位装置对预留的竖向钢筋予以严格复核，并对存在偏位情况的钢筋进行矫正处理。

（6）准备金属件，如斜撑端部固定件、斜撑底座固定件、斜撑杆件、斜撑固定螺栓、拉钩预埋环等。

2. 施工流程

预制剪力墙施工流程见图4-13。预制剪力墙施工具体流程及要点如表4-8所示。

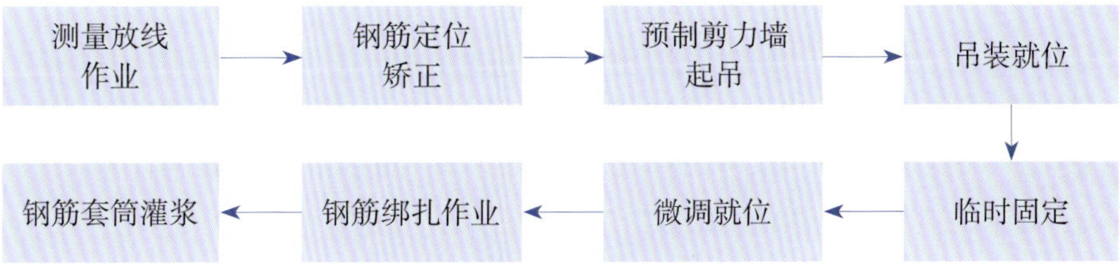

图4-13 预制剪力墙施工流程

表4-8　预制剪力墙施工流程及要点

序号	流程	要点
1	测量放线作业	①按照预制构件平面布置图纸，分别弹出定位线和水平控制线以及标高控制线； ②在完成所有控制线的放线作业后，还需在楼板面对应位置标注预制墙体编号
2	钢筋定位矫正	吊装前，施工技术人员宜利用钢筋定位装置对预留的竖向钢筋予以严格复核，对存在偏位的钢筋予以矫正处理
3	预制剪力墙起吊	①竖向构件吊装前，先彻底清理构件拼缝内的杂质，再对硬质垫片予以调节，使其满足标高要求； ②开始起吊时，宜先将构件吊离地面200～300 mm后，检查起重机稳定性、制动装置可靠性、预制构件平衡性和绑扎牢固性等，确认无误后，方可继续起吊
4	吊装就位	构件吊装宜采用慢起、快升、缓放的操作方式。构件下放至距楼面600 mm处时，稍作停顿，由操作人员就位后引导构件缓慢下落
5	临时固定	构件缓慢下落至稳定状态，且复核标高准确无误后，便可进行固定斜撑的安装
6	微调就位	固定斜撑安装完成后，利用斜撑调节预制墙板的垂直度，并通过靠尺或线锤等进行检验复核
7	钢筋绑扎作业	进行预制墙板与内墙板连接现浇区的钢筋绑扎作业时，宜先对暗柱纵筋内的附加箍筋予以绑扎，绑扎时按照从下到上的次序依次绑扎，绑扎固定暗柱纵向钢筋与箍筋平面内的外露箍筋、附加箍筋
8	钢筋套筒灌浆	①套筒灌浆采用高压灌浆机施工作业，由注浆口（下口）逐渐充填，浆料先填充至底座，再从排浆口（上口）溢出，每个套筒都需灌浆，直至每个排浆口都溢出浆料为止； ②灌浆完毕后，用橡胶塞封堵每个套筒的排浆口及注入口

3. 施工常见问题及预案

施工常见问题及预案见表4-9。

表4-9　施工常见问题及预案

序号	问题	预案
1	灌浆过程中出现无法出浆或液面下降等情况	①对于不饱满的竖向连接灌浆套筒，当灌浆料加水拌和在30 min以内时，首选在灌浆孔补灌；当灌

续上表

<table>
<tr><th>序号</th><th>问题</th><th>预案</th></tr>
<tr><td>1</td><td></td><td>浆料拌合物已经无法流动时，可从出浆孔补灌，并采用手动设备结合细管压力灌浆；
②水平钢筋连接灌浆施工停止30 s后，发现灌浆料拌合物下降，宜检查灌浆套筒的密封或灌浆料拌合物排气情况，并及时补灌或采取其他措施；
③可采用方便观察且有塑料管补浆功能的透明工具监测</td></tr>
<tr><td>2</td><td>预制墙板安装后水平接缝过大或过小
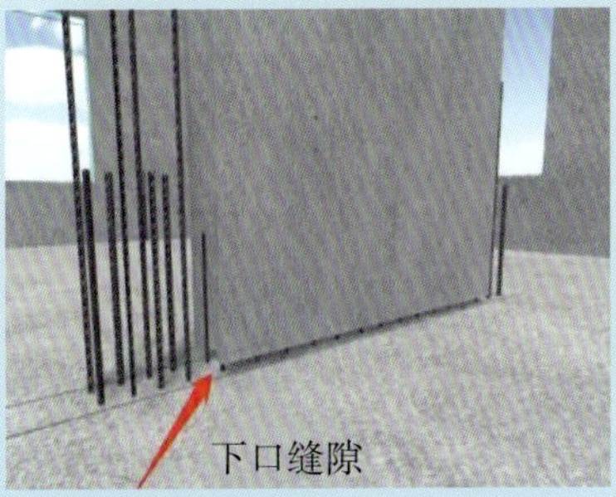
</td><td>①楼面现浇时注意标高控制；
②严格检查构件编号和构件尺寸；
③严格按各构件对应关系吊装，避免出现构件安装位置错误等情况</td></tr>
<tr><td>3</td><td>预制剪力墙两侧出筋闭合时，现场施工难度较大
</td><td>将闭合箍筋改为可以后弯且带135°弯钩的开口箍筋</td></tr>
</table>

4.2.5 预制阳台

预制阳台见图4–14。

图4–14 预制阳台

1. 施工准备

（1）构件进场时应根据国家、地方及企业、设计标准进行专项验收，验收标准宜在首批构件验收前进行统一规定。

（2）构件进场后需将附带资料（基础资料包括材料进场验收单、出厂合格证、抗压强度报告、原材料检测报告、配合比报告；其他资料包括结构性能检验报告、预埋件检验报告、合同要求的其他资料等，按项目实际需求进行准备）存档保管，以备检查。

（3）对饰面出现破损的预制阳台，在安装前采用配套的粘结剂进行修补。

（4）准备金属件，如临时固定支撑、临时围护组件（视情况准备）等。

（5）预制阳台等悬挑构件在施工前，需制定支撑方案并作为重点项进行交底。

2. 施工流程

预制阳台施工流程见图4–15。预制阳台施工具体流程及要点如表4–10所示。

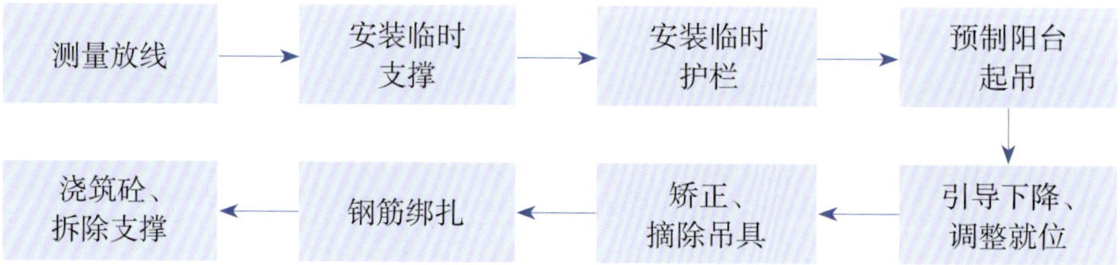

图4–15 预制阳台施工流程

表4-10 预制阳台施工流程及要点

序号	流程	要点
1	测量放线	测量并弹出相应预制阳台定位线和侧边的控制线
2	安装临时支撑	预制阳台安装前，要先确定临时支撑架的立杆的横向间距（横向间距宜根据阳台的尺寸来确定）。支撑架就位并将标高设置正确，且需保证支撑架可根据阳台就位情况进行临时调节
3	安装临时护栏	预制阳台起吊前宜先在外围安装临时防护围栏
4	预制阳台起吊	①预制阳台吊装时采用四点起吊，并采用专用吊架。工人将构件挂钩锁定，待挂钩人员撤离至安全区域后，由信号工确认构件四周安全情况，指挥缓慢起吊； ②开始起吊时，宜先将构件吊离地面200～300 mm后，检查起重机定性、制动装置可靠性、预制构件平衡性和绑扎牢固性等，确认无误后，方可继续起吊
5	引导下降、调整就位	构件吊装宜采用慢起、快升、缓放的操作方式。待构件下放至距楼面600 mm处，由专业操作工人稳住构件，根据水平控制线缓慢下放构件
6	矫正、摘除吊具	预制阳台微调矫正就位，调节支撑架至稳固，并安装好临时固定件后，摘除吊具
7	钢筋绑扎	预制阳台伸出钢筋与周边梁板钢筋绑扎，钢筋绑扎搭接长度应符合规范要求
8	浇筑砼、拆除支撑	进行混凝土浇筑。现场浇筑混凝土强度达到设计要求后，方可拆除临时支撑

3. 施工常见问题及预案

施工常见问题及预案见表4-11。

表4-11 施工常见问题及预案

序号	问题	预案
1	预制阳台上下偏位、不垂直 	①预制阳台吊装前，需画出构件水平方向和垂直方向控制线； ②预制阳台安装固定后，宜对构件进行平面定位的精调，通过从本层构件最外侧边吊垂线至下层楼中放设的控制线距离来控制，误差应在项目施工精度要求内

续上表

序号	问题	预案
2	预制阳台排水立管采用预埋止水节，上下层左右偏差过大，无法满足排水立管安装精度要求 	①建议不预埋止水节，考虑设置预留洞口做法，现场统一进行止水节预埋，控制上下层预埋定位偏差； ②对于防水要求较高的部位可以考虑预埋防水套管

4.2.6　预制沉箱

预制沉箱见图4–16。

图4–16　预制沉箱

1. 施工准备

（1）构件进场时应根据国家、地方及企业、设计标准进行专项验收，验收标准宜在首批构件验收前进行统一规定。

（2）构件进场后需将附带资料（基础资料包括材料进场验收单、出厂合格证、抗压强度报告、原材料检测报告、配合比报告；其他资料包括结构性能检验报告、预埋件检验报告、合同要求的其他资料等，按项目实际需求进行准备）存档保管，以备检查。

（3）运输预制沉箱构件时，宜根据构件吊装顺序装车，以节省现场时间。预制沉箱堆放不宜超过2层，每层之间用木方作支撑，各层木方需对齐。

（4）安装前根据施工图纸，按吊装顺序核对构件编号，确定安装位置并在现场相应位置做标记，并提前放出水平及标高控制线。

2. 施工流程

预制沉箱施工流程见图4–17。预制沉箱施工具体流程及要点如表4–12所示。

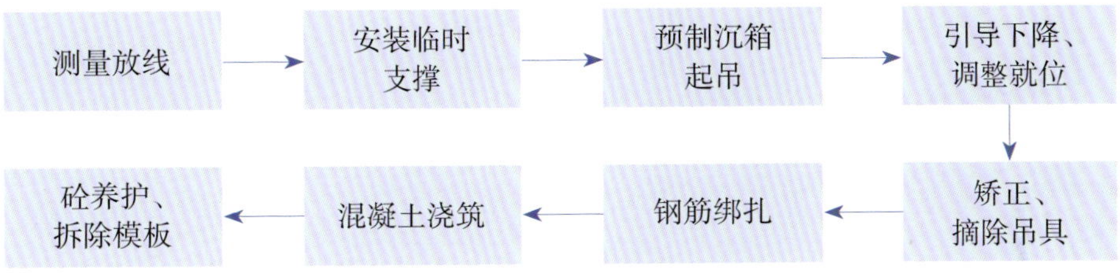

图4–17　预制沉箱施工流程

表4–12　预制沉箱施工流程及要点

序号	流程	要点
1	测量放线	测量并弹出相应预制沉箱定位线和侧边的控制线
2	安装临时支撑	安装预制沉箱前，完成相应部位工具式模板拼装、沉箱留洞、临时支撑安装
3	预制沉箱起吊	①预制沉箱吊装时采用四点起吊，并采用专用吊架；工人将构件挂钩锁定，待挂钩人员撤离至安全区域后，由信号工确认构件四周安全情况，指挥缓慢起吊； ②开始起吊时，宜先将构件吊离地面200～300 mm后，检查起重机稳定性、制动装置可靠性、预制构件平衡性和绑扎牢固性等，确认无误后，方可继续起吊
4	引导下降、调整就位	构件吊装宜采用慢起、快升、缓放的操作方式。待构件下放至距楼面600 mm处，由专业操作工人稳住构件，使用电动葫芦小范围调整，根据水平控制线缓慢下放构件
5	矫正、摘除吊具	预制沉箱微调矫正就位，并安装好临时固定件后，摘除吊具
6	钢筋绑扎	预制沉箱预留钢筋与周边梁板钢筋绑扎，钢筋绑扎搭接长度应符合规范要求
7	混凝土浇筑	预制沉箱与工具式模板间空隙作塞缝处理，浇筑混凝土
8	砼养护、拆除模板	混凝土达到养护周期，工具式模板达到拆模条件后，模板与预制沉箱周边作浮浆处理

3. 施工常见问题及预案

施工常见问题及预案见表4–13。

表4–13　施工常见问题及预案

序号	问题	预案
1	预制沉箱安装偏位 	①预制沉箱吊装前，需画出PC构件水平方向和垂直方向控制线，以及标高控制线，同时检查临时支撑是否顶撑到位； ②预制沉箱安装就位后，对构件进行平面定位、精调，以确保误差在施工精度要求内

4.2.7　预制楼梯

预制楼梯见图4–18。

图4–18　预制楼梯

1. 施工准备

（1）构件进场时应根据国家、地方及企业、设计标准进行专项验收，验收标准宜在首批构件验收前进行统一规定。

（2）构件进场后需将附带资料（基础资料包括材料进场验收单、出厂合格证、抗压强度报告、原材料检测报告、配合比报告；其他资料包括结构性能检验报告、预埋件检验报告、合同要求的其他资料等，按项目实际需求进行准备）存档保管，以备检查。

（3）金属件准备，如预埋螺杆、临时扶手（视情况准备）等。

（4）预制构件吊装前准备圆形钢管，在预制楼梯吊装下落至楼面约1 m时，用空心钢套管调节预制楼梯下落点，将钢套管精准定位在上下端预埋螺栓中，定位调整完毕后将预制楼梯缓慢下降就位。

2. 施工流程

预制楼梯施工流程见图4–19。预制楼梯施工具体流程及要点如表4–14所示。

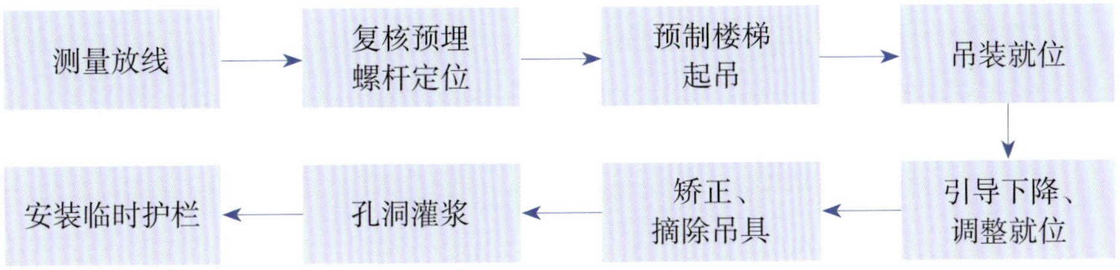

图4–19 预制楼梯施工流程

表4–14 预制楼梯施工流程及要点

序号	流程	要点
1	测量放线	测量并弹出相应预制楼梯构件端部和侧边的控制线
2	复核预埋螺杆定位	复核预埋螺杆定位，并在吊装前矫正
3	预制楼梯起吊	①工人将构件挂钩锁定，待挂钩人员撤离至安全区域后，由信号工确认构件四周安全情况，指挥缓慢起吊； ②开始起吊时，宜先将构件吊离地面200～300 mm后，检查起重机稳定性、制动装置可靠性、预制构件平衡性和绑扎牢固性等，确认无误后，方可继续起吊
4	吊装就位	构件吊装宜采用慢起、快升、缓放的操作方式。待构件下放至距楼面600 mm处，由专业操作工人稳住构件，根据水平控制线缓慢下放构件
5	引导下降、调整就位	如有预留插筋，宜注意将插筋与楼梯的预留孔洞对准后，将楼梯安装就位
6	矫正、摘除吊具	预制楼梯微调矫正就位，放置下部滑动铰端垫片并拧紧固定螺母后，摘除吊具
7	孔洞灌浆	楼梯与现浇部位连接，对楼梯孔洞灌浆封堵处理
8	安装临时护栏	根据现场防护需求，安装临时护栏、踏步防护板

3. 施工常见问题及预案

施工常见问题及预案见表4–15。

表4-15　施工常见问题及预案

<table>
<tr><th>序号</th><th>问题</th><th>预案</th></tr>
<tr><td rowspan="2">1</td><td>预制楼梯标高控制不当</td><td rowspan="2">①浇筑楼梯休息平台时，控制好浇筑面混凝土标高；
②吊装时通过钢垫片调节安装高度，通过水准仪复核标高</td></tr>
<tr><td></td></tr>
<tr><td rowspan="2">2</td><td>支座预留插筋偏位或遗漏</td><td rowspan="2">严格按照图纸预留钢筋，并确保定位准确、牢固</td></tr>
<tr><td></td></tr>
<tr><td rowspan="2">3</td><td>预制楼梯上下端支座预留定位孔及缝隙被杂物堵塞</td><td rowspan="2">①预制楼梯安装过程中，及时封堵安装定位孔和缝隙；
②如安装定位孔和缝隙不能及时封堵的，宜做好成品保护措施，避免其被垃圾堵塞</td></tr>
<tr><td>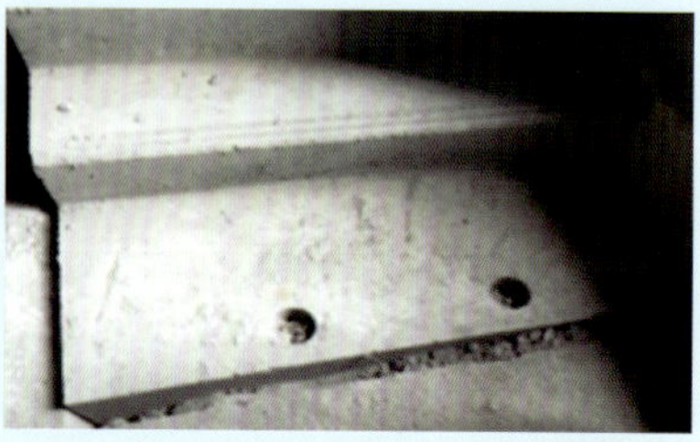</td></tr>
<tr><td rowspan="2">4</td><td>安装过程预制楼梯保护措施不到位，以致预制楼梯破损</td><td rowspan="2">①吊装时稳起稳落，避免磕碰；
②预制楼梯宜在表面设置木板，加强成品保护</td></tr>
<tr><td>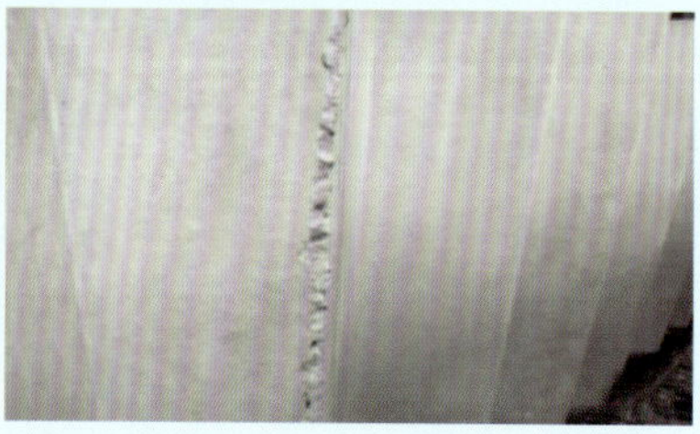</td></tr>
</table>

4.2.8　预制外墙

预制外墙见图4-20。

图4–20　预制外墙

1. 施工准备

（1）构件进场时应根据国家、地方及企业、设计标准进行专项验收，验收标准宜在首批构件验收前进行统一规定。

（2）构件进场后需将附带资料（基础资料包括材料进场验收单、出厂合格证、抗压强度报告、原材料检测报告、配合比报告；其他资料包括结构性能检验报告、预埋件检验报告、合同要求的其他资料等，按项目实际需求进行准备）存档保管，以备检查。

（3）金属件准备，如斜撑端部固定件、斜撑底座固定件、斜撑杆件、斜撑固定螺栓、拉钩预埋环、一字码、七字码、螺杆连接件（视情况准备）等。

（4）施工前宜对下部现浇构造进行核查，检查现浇构造高度尺寸、构造防水企口尺寸是否与节点大样匹配。

2. 施工流程

预制外墙施工流程见图4–21。预制外墙施工具体流程及要点如表4–16所示。

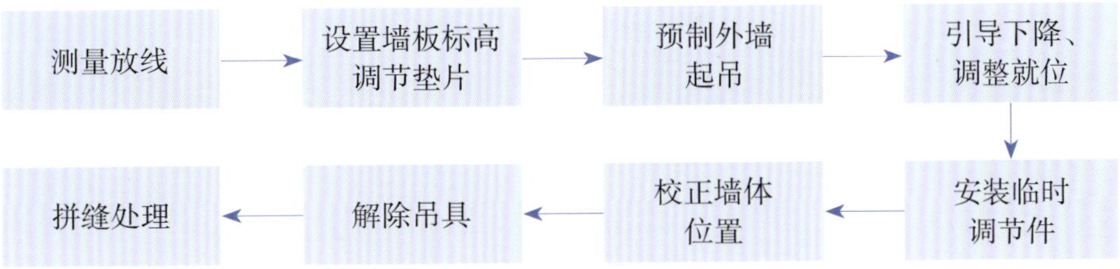

图4–21　预制外墙施工流程

表4–16　预制外墙施工流程及要点

序号	流程	要点
1	测量放线	画出墙板定位线和控制线
2	设置墙板标高控制垫片	每块墙板在两端角部设置垫片，垫片厚度宜根据实际标高偏差值设置
3	预制外墙起吊	开始起吊时，宜先将构件吊离地面200～300 mm后，检查起重机稳定性、制动装置可靠性、预制构件平衡性和绑扎牢固性等，确认无误后，方可继续起吊
4	引导下降、调整就位	构件吊装宜采用慢起、快升、缓放的操作方式。墙板在距安装位置上方600 mm左右略作停顿，施工人员可以手扶墙板，控制下落方向，使其缓慢下降
5	安装临时调节件	构件缓慢下落至稳定状态，安装临时调节件（斜撑和一字码）
6	校正墙体位置	安装临时调节件且复核标高准确无误后，安装临时支撑；并测量墙体位置，对墙板的垂直度进行矫正调整
7	解除吊具	墙板标高、垂直度、水平位置等精准调整完成，且临时支撑及固定件安装牢固后，方可摘除吊具
8	拼缝处理	按设计节点，填缝、打胶

3. 施工常见问题及预案

施工常见问题及预案见表4–17。

表4–17　施工常见问题及预案

序号	问题	预案
1	构件伸出钢筋偏位 	①根据构件编号用钢筋定位框进行限位，以保证钢筋位置准确； ②根据现场预制构件的定位线和控制线，对伸出钢筋进行现场中心位置复核，对偏离中心位置超过10 mm的钢筋根据图纸进行适当的矫正

续上表

序号	问题	预案
2	现浇构件主筋偏位或预制构件水平闭合钢筋伸出长度不足导致主筋不在箍筋内 	①加强现场施工管理，避免出现钢筋偏位现象； ②预制构件水平闭合筋建议采用开口形式
3	预制墙板安装偏位  	①施工单位安装前，弹出构件建筑一米线、构件定位边线及300 mm控制线，严格按墙体控制线和定位边线进行控制； ②预制墙板下部采用一字码与下层预制构件连接，或者采用角码与本层现浇结构进行连接； ③强化预制墙板吊装校核与调整，提高安装精度； ④每块预制墙板临时斜撑不少于2道，墙板校核调整合格后，锁紧固定支撑； ⑤加强预制墙板现场安装过程质量检查验收，每块墙板吊装完成后须复核，每个楼层墙板吊装完成后需统一复核
4	预制外墙预埋线管与现浇结构预埋线管错位 	①确保图纸标注准确并保证生产施工误差在允许范围之内； ②装配式项目宜做到技术前置，避免出现因精装调整或机电调整带来的二次变更，出现设计与生产、施工不一致的情况

续上表

序号	问题	预案
5	外墙构件底部反坎成型质量较差，导致预制构件安装标高产生误差 	施工单位加强施工技术交底，严格按施工图加工制作、安装模板，控制反坎成型质量
6	预制外墙底部防水胶条设计在操作孔位置，导致机电管线无法与上部管线对接 	将预制外墙上的防水胶条侧移，避开机电操作孔，使防水胶条连续
7	工具式模板背楞和PC斜撑位置存在干涉 	深化设计时，各参建单位（预制构件生产单位、工具式模板厂家）宜充分考虑工具式模板立杆支撑、斜撑，以及背楞和预制构件立杆支撑、斜撑、七字码等的安装位置关系，特别是工具式模板与预制构件连接处的空间位置关系

4.2.9 预制凸窗

预制凸窗见图4–22。

图4–22 预制凸窗

1. 施工准备

（1）构件进场时应根据国家、地方及企业、设计标准进行专项验收，验收标准宜在首批构件验收前进行统一规定。

（2）构件进场后需将附带资料（基础资料包括材料进场验收单、出厂合格证、抗压强度报告、原材料检测报告、配合比报告；其他资料包括结构性能检验报告、预埋件检验报告、合同要求的其他资料等，按项目实际需求进行准备）存档保管，以备检查。

（3）当预制凸窗需要预埋窗框时，门窗单位宜提前与PC厂同步招标。

（4）准备金属件，如斜撑端部固定件、斜撑底座固定件、斜撑杆件、斜撑固定螺栓、拉钩预埋环、一字码、七字码、螺杆连接件（视情况准备）等。

2. 施工流程

预制凸窗施工流程见图4–23。预制凸窗施工具体流程及要点如表4–18所示。

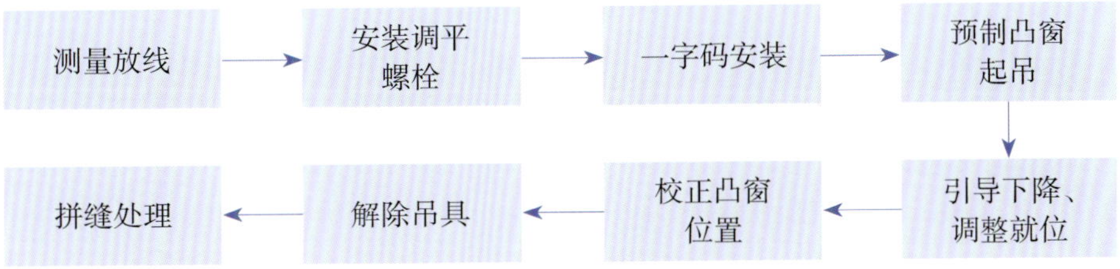

图4–23 预制凸窗施工流程

表4-18　预制凸窗施工流程及要点

序号	流程	要点
1	测量放线	画出定位线和控制线
2	安装调平螺栓	下层预制凸窗顶部安装好调平螺栓，并将标高调整至安装缝标高水平位置
3	一字码安装	安装下层预制凸窗上端一字码，在本层预制凸窗安装前完成
4	预制凸窗起吊	开始起吊时，宜先将构件吊离地面200～300 mm后，检查起重机稳定性、制动装置可靠性、预制构件平衡性和绑扎牢固性等，确认无误后，方可继续起吊
5	引导下降、调整就位	构件吊装宜采用慢起、快升、缓放的操作方式。墙板在距安装位置上方600 mm左右略作停顿，施工人员可以手扶凸窗，控制下落方向，使其缓慢下降
6	校正凸窗位置	构件缓慢下落至稳定状态，安装临时调节件（斜撑和一字码），并对预制凸窗的高度、位置、垂直度进行测量、矫正调整
7	解除吊具	预制凸窗精准矫正完成，且临时支撑及固定件安装牢固后，方可摘除吊具
8	拼缝处理	按设计节点，填缝、打胶（逐层或整体打胶）

3. 施工常见问题及预案

施工常见问题及预案见表4-19。

表4-19　施工常见问题及预案

序号	问题	预案
1	工具式模板与预制凸窗的窗洞公差不协调，导致工具式模板安装困难 	①预制凸窗窗洞与现浇混凝土结合边缘，可考虑与工具式模板单位沟通确认设置压槽，作为公差配合； ②工具式模板和预制凸窗制作时控制好公差，尽量避免出现正公差

续上表

序号	问题	预案
2	预制凸窗粗糙面不合格 	①工厂需要在生产时控制好粗糙面成型质量； ②严格按照验收标准（即竖向构件凹凸深度≥6 mm，粗糙面不小于结合面的80%）验收预制凸窗粗糙面
3	相邻预制凸窗构件水平度、垂直度不合格 	①工厂需要在生产时控制构件尺寸误差影响； ②预制凸窗采用一字码与下层预制构件连接，控制构件垂直度； ③现场施工强化预制凸窗吊装校核与调整，提高安装精度； ④每件预制凸窗临时斜撑不少于2道，构件校核调整合格后，锁紧固定支撑； ⑤加强现场安装过程质量检查验收，吊装完成后需进行复核，每个楼层预制凸窗吊装完成后进行统一复核
4	预制凸窗斜撑与模板加固体系存在干涉 	①深化设计时，各参与单位（预制构件生产单位、工具式模板厂家）宜充分考虑工具式模板立杆支撑、斜撑、背楞和预制构件立杆支撑、斜撑等安装位置关系； ②加固复杂部位宜采用BIM技术进行碰撞分析，确定避让做法

4.2.10 预制叠合剪力墙

预制叠合剪力墙见图4-24。

图4-24　预制叠合剪力墙

1. 施工准备要点

（1）构件进场时应根据国家、地方及企业、设计标准进行专项验收，验收标准宜在首批构件验收前进行统一规定。

（2）构件进场后需将附带资料（基础资料：材料进场验收单、出厂合格证、抗压强度报告、原材料检测报告、配合比报告）存档保管，以备检查。

（3）构件经检查合格后，在构件上弹出一米线，作为安装、矫正依据。

（4）在完成测量作业后，对施工技术人员预留的预留钢筋予以严格复核，并对存在偏位的钢筋予以矫正处理。

（5）准备金属件：斜撑叠合剪力墙位置固定件、斜撑楼板位置固定件、斜撑杆件、垫片。

2. 施工流程要点

预制叠合剪力墙施工流程见图4-25。预制叠合剪力墙施工具体流程及要点如表4-20所示。

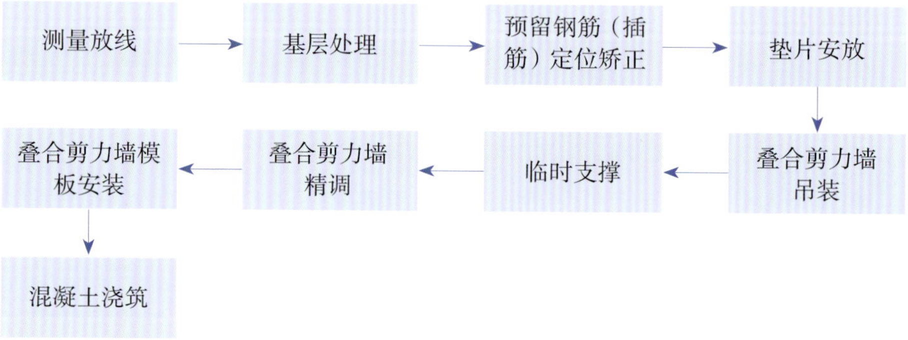

图4-25　预制叠合剪力墙施工流程

表4-20 预制叠合剪力墙施工流程及要点

序号	流程	要点
1	测量放线	根据施工图纸在作业层混凝土表面弹出墙体控制线，包括墙身线、墙端线（预制墙体左右位置线）、洞口边线、墙体平面位置300 mm墙身控制线
2	基层处理	①在下层混凝土强度达到1.2 MPa后，对基层进行凿毛处理（凿毛时，避开叠合剪力墙垫块搁置位置），以露出坚硬石子为标准； ②凿毛完成后清理结合面，并保持基面清洁
3	预留钢筋（插筋）定位矫正	①混凝土浇筑完成后，去除墙板预留插筋上的浮浆； ②用钢卷尺对照墙板边线检查插筋定位，对超过允许偏差的进行矫正，位置偏移量不得大于 ± 10 mm； ③可使用专用校正工具进行校验，确保竖向插筋不影响叠合剪力墙的吊装
4	垫片安放	①叠合剪力墙页板正下方安放垫片，垫片可用胶带适当缠绕防止散落； ②注意垫片不要超过墙身线，避免影响空腔墙下口模板安装； ③垫片安装完成后，对垫片的平整度、高度进行复核，确保垫片高度与测设高度一致； ④墙板长度小于4 m时，墙板下方设置不少于2组垫片，垫片与墙端距离宜为300 mm；墙板长度大于4 m或带门口洞时，设置不少于3组垫片，墙板门洞口两侧、墙体重心位置宜增设垫片
5	叠合剪力墙吊装	①叠合剪力墙吊装前，按照吊装流程核对构件类型及编号，确认安装位置，按照吊装顺序进行吊装； ②起吊预制叠合剪力墙宜采用专用吊装钢梁，并确保连接牢固；起吊墙板距地面300 mm时略作停顿，再次检查吊具是否牢固，板面有无污染破损；确认无误后，方可继续吊装； ③当叠合剪力墙吊装至距作业面上方500 mm左右时略作停顿，此时吊装工可靠近并手扶墙板，信号工与塔司保持沟通，控制墙板缓慢下落；待墙板下降到预留钢筋顶部时，吊装工手扶墙板，使墙板空腔对准预留插筋，缓缓下降，平稳就位
6	临时支撑	①上部斜支撑距离板底的距离不小于构件高度的2/3，下部斜支撑距离板底的距离宜为构件高度的1/5； ②斜支撑端部采用预埋地锚的形式，严禁采用楼面钻孔打膨胀螺栓固定的方式，以防打穿水电管线； ③安装时先安装上部斜撑，再安装下部斜撑，长、短支撑全部安装完毕后，方可摘钩； ④须保证构件的平面位置偏差在5 mm内，垂直度偏差在3 mm内，避免偏差过大，后期难以用斜支撑调整到位

续上表

序号	流程	要点
7	叠合剪力墙精调	①平行墙板方向水平位置校正方法：根据楼板面上弹出的墙板位置线，可利用撬棍对平行墙板方向的偏差墙板进行微调； ②垂直墙板方向水平位置校正方法：利用短斜撑对墙垂直墙板方向的偏差进行微调； ③利用长斜撑调整墙体的垂直度，使用靠尺对墙板垂直度进行复核； ④下部垫块如有突出墙面，影响模板安装情况，宜采用爪式千斤顶对墙板抬高1～3 mm，重新放置垫块
8	叠合剪力墙模板安装	①竖向及水平模板安装可采用铝模或木模，预制构件与模板交接处宜粘贴海绵条防止漏浆； ②叠合剪力墙下部50 mm缝隙，可选用专用夹具进行封堵
9	混凝土浇筑	①混凝土浇筑前半小时，沿空腔墙方向对混凝土结合面充分浇水润湿，保证空腔墙内两侧混凝土结合面充分湿润； ②宜采用自密实混凝土进行浇筑；当采用普通混凝土时，振捣棒宜选用∅30 mm及以下的微型振捣棒； ③空腔内混凝土应分层浇筑，分层高度不宜超过1 m； ④注意快插慢拔，每次插入振捣的时间为20～30 s； ⑤振动棒的前端应插入前一层混凝土中，插入深度不应小于50 mm； ⑥混凝土浇筑完成后，及时保湿养护，不少于7 d

3. 预制构件施工常见问题及预案

施工常见问题及预案见表4-21。

表4-21　施工常见问题及预案

序号	问题	预案
1	叠合剪力墙与现浇混凝土分层 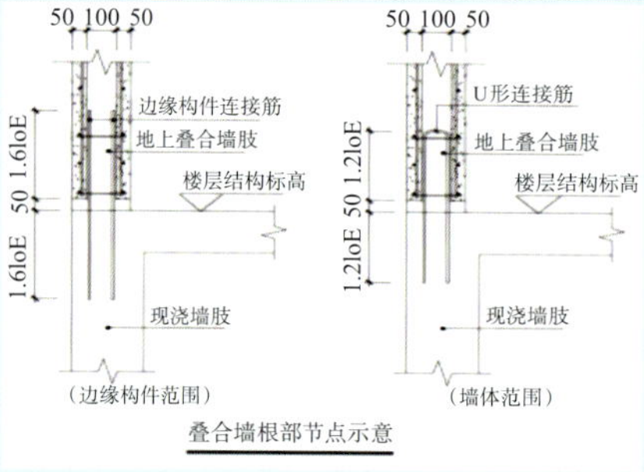 	①预制构件厂在制作过程中，严格把控叠合剪力墙内侧拉毛，一次到位； ②浇筑前两侧拉毛面洒水湿润，并且水泥浆浇毛面； ③宜采用自密实混凝土浇筑叠合剪力墙墙体
2	叠合剪力墙预埋消防箱导致浇筑混凝土困难	消防箱区域避免采用叠合剪力墙构件施工，易出现消防箱与叠合剪力墙空腔处混凝土浇筑不密实，采用明装法进行代替

续上表

序号	问题	预案
3	构件在运输过程中开裂	对于叠合剪力墙门窗洞口等薄弱部位应采取临时加固措施，防止存放和吊运时开裂

4.3　装配式内隔墙施工要点

内隔墙轻质条板产品类型有蒸压加气混凝土条板、蒸压陶粒混凝土墙板、挤压板等，下面以蒸压加气混凝土条板为例（见图4–26），列出施工要点。

图4–26　蒸压加气混凝土条板

1. 内隔墙轻质条板施工准备要点

（1）构件进场时应根据国家、地方及企业、设计标准进行专项验收，验收标准宜在前期首批构件验收时进行统一规定。

（2）施工前应确定安装施工方案及相关技术文件。内容应包括内墙板间及墙体与主体结构间的连接、构造做法；门、窗洞口处连接、构造做法；暗管线、吊挂重物、防裂缝等构造做法；墙板产品、配套材料、配件的供应、运输、存放；施工人员、机具的组织、调配；安装工艺方法要求、安装顺序、工期进度、安装质量、安全措施等。

（3）隔墙安装前，清理楼层基面，对施工图纸要求的安装位置进行放线，标出墙板安装位置和门窗洞口相应的位置。

（4）放线完成后，通知监理方、业主方进行验收，签字确认合格后方可施工。

2. 排版原则

（1）结合建筑、结构、装修图（水电点位以装修图为准）绘制墙板排版图。

（2）ALC墙板安装高度应根据条板厚度进行设置，满足相关规范及设计的要求。

（3）对于ALC墙板安装宽度，当内隔墙体长度超过5 m时，应采取加强和防裂等措施。

（4）当内隔墙体有门洞时，应从门洞开始分别向两端排板；当内隔墙体没有门洞口时，应从墙体一端开始沿墙长方向顺序排板；墙板宽度不应小于200 mm。

（5）严禁将开关、强弱电插座、管线、预留孔等设置在条板板缝或条板与结构接缝处。

（6）独立门边墙体宽度小于200 mm时，应设计为构造柱。

（7）双层安装的条板，竖向拼缝应错开200 mm以上。

3. 施工流程要点

蒸压加气混凝土条板安装施工流程见图4-27。蒸压加气混凝土条板安装施工具体流程及要点如表4-22所示。

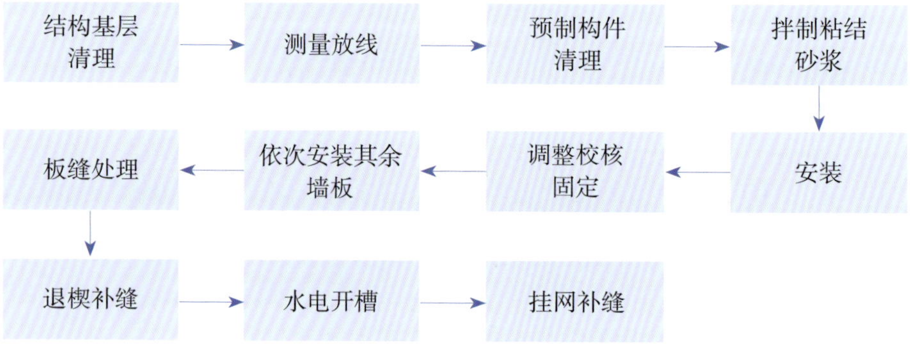

图4-27　蒸压加气混凝土条板安装施工流程

表4-22　蒸压加气混凝土条板安装施工流程及要点

序号	流程	要点
1	结构基层清理	要求将基层上的浮浆及残余松散混凝土块凿除，并清扫干净
2	测量放线	根据条板深化设计图纸弹出墙板安装定位线、控制线
3	预制构件清理	墙板安装前，清洁结构地面、墙面、顶板面相应部位，除尘、湿润晾至表干，并将墙板侧边的灰尘、泥土等污染清理干净后方可使用
4	拌制粘结砂浆	严格按照配比现场拌制粘结砂浆
5	安装	①在结构交接处及墙板侧面和顶部涂抹粘结砂浆并呈倒V字形，将墙板对准定位线后立板； ②安装时注意保证墙板的榫头与榫槽相互连接，并保证拼缝连续饱满

续上表

序号	流程	要点
6	调整校核固定	①经调校后，在墙板下部使用垫块固定顶紧，起到临时固定的作用； ②用射钉在墙板上部安装的L形管卡件与梁（板）固定，并将挤出板缝的砂浆及时压进板缝内作勾缝处理
7	依次安装其余墙板	①按照第一块板的安装方法依次安装后续墙板； ②在墙板安装完毕后24 h以内，用专用砂浆填实地缝和顶缝
8	板缝处理	墙板安装完成7 d后，移交装修前应及时检查板缝的质量，如有裂缝出现应进行修补，修补完成后方可移交下道工序
9	退楔补缝	①技术间歇：墙板安装完成7 d以后再进行退木楔施工； ②严禁左右野蛮敲击木楔松动，木楔断裂残留底缝必须清除干净，湿润后采用专用粘结剂填实木楔缝隙
10	水电开槽	①技术间歇：条板安装完成14 d以后； ②开槽前先弹线定位线管、线盒位置，按线切割，采用专用工具剔凿，严禁野蛮暴力打凿
11	挂网补缝	①技术间歇：水电修补完成后7 d以上进行挂网补缝； ②先抹专用粘结剂，再粘贴玻纤网格布，玻纤网宽度为100 mm，各边搭接50 mm，粘贴完毕后抹粘结剂收平条板面

4. 预制构件施工常见问题及预案

施工常见问题及预案见表4–23。

表4–23　施工常见问题及预案

序号	问题	预案
1	板缝开裂、装饰层空鼓 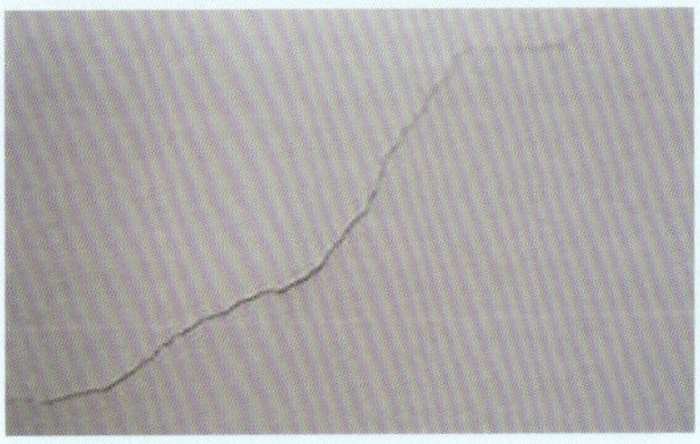	①安装过程中注意处理好节点问题和工艺问题； ②做好干缩变形、荷载作用变形防治措施； ③严禁暴力开槽开洞导致墙体开裂； ④接缝砂浆必须使用厂家配送的专业抗裂砂浆，加固钢卡必须是镀锌钢板卡

续上表

序号	问题	预案
2	ALC墙板在运输搬运中受损 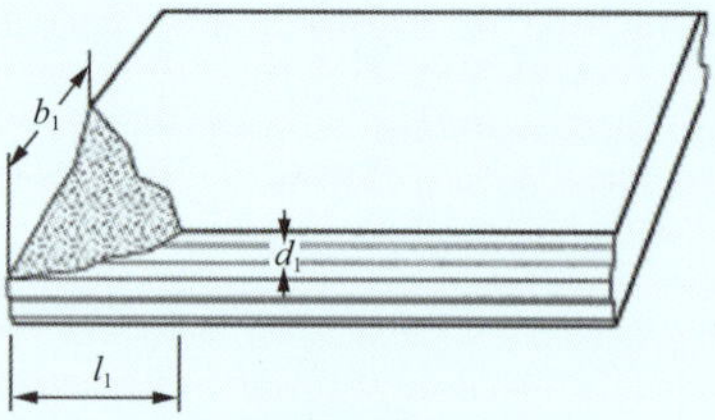 板角受损 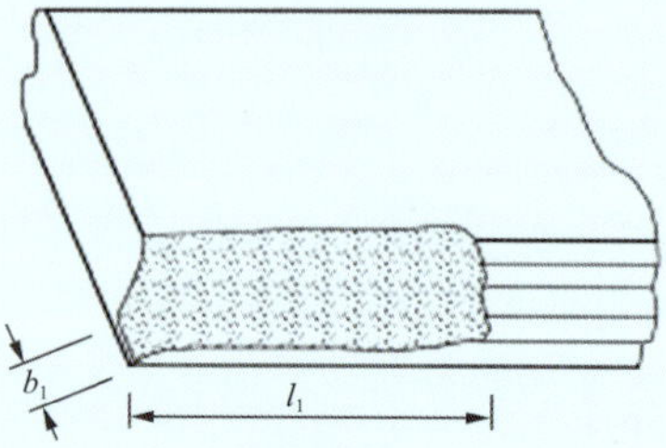 侧面受损	①ALC墙板运输过程中，装车时墙板在高度方向最多装三层并捆扎牢固，雨天运输需加盖防雨布防止墙板吸湿； ②墙板进入施工现场，要尽可能地减少驳运，竖立后不可长距离调整移动，以防止缺棱掉角； ③原则上安装前先检查墙板的破损位置和破损程度，对影响墙板结构耐力的破损作报废处理，修补时应进行墙板破损部位基层清扫，每次修补厚度不宜大于7 mm，修补完成后等修补材料强度达到后，用钢齿磨板和磨砂板进行外观尺寸的修正
3	修补位置易脱落 	控制好混凝土结构尺寸；下料前复核现场实际尺寸以缩小填补空隙；采用专用修补材料并根据温度等条件掺入108胶或其他添加剂等不同材料
4	工程刷完涂料后不久接缝处出现细微的竖向裂缝 	在ALC墙板和砼结构之间施工成宽5～6 cm、深度为2 cm的竖缝，填充发泡剂堵实，再加2道防裂网格布，批嵌腻子，刷好涂料

续上表

序号	问题	预案
5	防撞性能低 	在有叉车等车辆经常出入的门口两侧设置防撞柱
6	深化设计深度不足 	①施工前设计深化到位，确定墙板排布方案及安装节点大样，如管卡位置、构造柱位置及尺寸、门头板固定安装节点、点位管线位置等内容； ②强弱电箱、消防箱体区域不宜设置为ALC墙板，应将该位置墙体设置为现浇墙体或使墙板厚度大于200 mm； ③避免门头板施工时搭接宽度不足、开槽处位于分缝位置等质量问题
7	管卡影响精装修 	对每面墙体末端的墙板进行顶部局部切割，角部切除缺口，用射钉安装固定后修补缺口，以避免末端墙板的管卡伸出墙体范围影响装修面层。切除缺口尺寸为100 mm × 100 mm 

4.4 装配式装修施工要点

装配式装修指的是通过标准化、模块化、集成化设计，将工厂化生产的部品部件在现场以干式工法为主进行施工安装的装修建造模式，其具备管线分离、安装可逆、高效低耗等施工特点。本节将展示装配式隔墙、装配式墙面、装配式吊顶、装配式地面、集成式厨房、集成式卫生间六个模块系统的施工要点，并对施工中常见问题提出相应预防措施，为装配式装修规范施工提供参考借鉴。

4.4.1　装配式隔墙

装配式隔墙通常以金属龙骨作为框架结构材料，采用石膏基、水泥基板材或一体化模块面层等组合而成，具有非砌筑免抹灰的特点。其常见的产品类型有轻钢龙骨隔墙、一体化隔墙等。下面以轻钢龙骨隔墙（图4–28）为例，列出施工要点。

图4–28　轻钢龙骨隔墙

1. 施工准备

（1）对施工现场的环境进行检查，将杂物和垃圾清理干净，确保具备施工作业面，满足垂直运输、材料堆放、临电使用等施工需求。

（2）测量施工现场墙面、顶面、楼地面平整度数据，确保隔墙系统在安装时基准线正确，对设计图纸的隔墙位置进行检查校对，确定各部位的尺寸和布置是否正确。

（3）材料进场时应进行专项验收，检查轻钢龙骨、岩棉、基层板等品种、型号、规格、性能、技术参数等是否满足设计及规范要求。

（4）准备电钻、电锤、电动切割锯、拉钉枪、螺钉旋具、水平仪、水准仪、钢卷尺、靠尺等。

（5）做好技术、环境、安全交底。

2. 施工流程

轻钢龙骨隔墙施工流程见图4–29。轻钢龙骨隔墙施工具体流程及要点如表4–24所示。

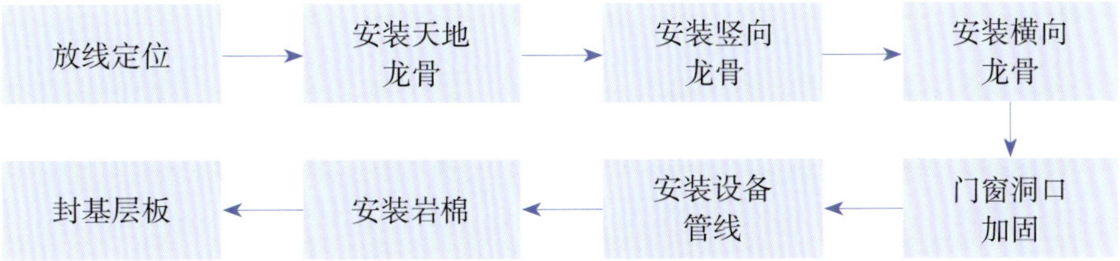

图4–29　轻钢龙骨隔墙施工流程

表4–24　轻钢龙骨隔墙施工流程及要点

序号	流程	要点
1	放线定位	由专业放线人员在楼地面上弹出隔墙线与边线，并引测至两端主体结构墙面与楼板底面，同时弹出门窗洞口线。
2	安装天地龙骨	①根据定位线将天地龙骨用膨胀螺栓按间距不大于600 mm固定于楼板底及地面； ②天地龙骨上下加设橡胶垫，并用水平仪检验校正，龙骨安装完后使用非硬化密封剂密封
3	安装竖向龙骨	竖龙骨两端插入天地龙骨，使用自攻螺丝钉固定于龙骨槽内，按设计规范间距安装竖向龙骨，并确保垂直
4	安装横向龙骨	安装横向贯通龙骨，当隔墙高度不超过3000 mm时铺设一根贯通龙骨，当隔墙高度在3000～5000 mm时铺设两根贯通龙骨
5	门窗洞口加固	门窗洞口应使用双排竖龙骨固定。若要求为刚性连接时，竖龙骨与沿地沿顶龙骨固定，并采用螺钉或铆钉进行连接
6	安装设备管线	先完成一侧基层板安装，再从未装基层板一侧安装龙骨隔墙内设备管线、插座、开关底盒等
7	安装岩棉	隔墙内填充岩棉，铺设平整，厚度符合设计要求
8	封基层板	①将另一侧基层板使用自攻螺丝固定在龙骨上。基层板下口离地大于10 mm，基层板上口应同楼板顶紧，不留空隙； ②龙骨两侧单层基层板必须错缝安装，同侧内外两层基层板必须错缝安装。门框部位基层板应将拼缝隙留在门楣上

3. 施工常见问题及预案

施工常见问题及预案见表4–25所示。

表4-25　施工常见问题及预案

序号	问题	预案
1	轻钢龙骨骨架与结构连接不牢固 	①安装沿顶、沿地、沿墙龙骨时，宜使用膨胀螺栓固定； ②竖向龙骨间距按设计要求设置，与天地龙骨固定后检查是否牢固； ③横向贯通龙骨安装时设置需满足现场需求
2	轻钢龙骨石膏板隔墙开裂 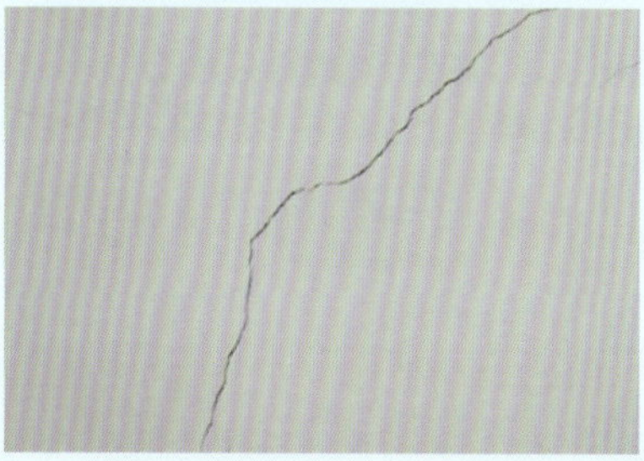	①龙骨骨架与结构连接应牢固，天地龙骨不允许断开； ②门窗或特殊节点部位骨架安装需满足现场需求，承重部分需加固； ③铺贴石膏板时板边接缝应安装在龙骨上，并保证与龙骨有足够的重叠宽度； ④当石膏板设置双层时，上下两层石膏板需错缝固定
3	电气安装不规范、不牢固 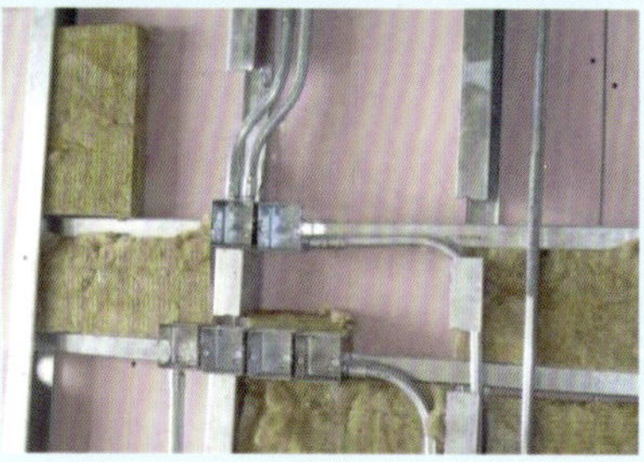	①电气管线等专业管线固定需牢固，穿过龙骨时需用专用工具打孔，不能切断龙骨； ②电气底盒需按设计要求施工，确保固定稳固

4.4.2　装配式墙面

装配式墙面是指由饰面板、龙骨、连接件、装饰线条等配套组成，现场干法安装的墙面系统，多采用绿色环保板材，具有管线分离、可逆拆装、饰面多样等特点。其常见的产品类型有金属复合墙板、自饰面硅酸钙板、自饰面竹木纤维板、干挂石材等。下面以自饰面硅酸钙板墙面（图4-30）为例，列出施工要点。

图4-30 自饰面硅酸钙板墙面

1. 施工准备

（1）检查施工现场的墙面、地面平整度，确保墙面系统的基准线正确并符合设计要求，测量施工现场的墙面尺寸及墙面布局是否与施工图纸一致，如门窗位置、电气开关插座位置等。

（2）初步评估墙面承重能力是否满足装配式墙面系统的要求，特别是需要承载重型设施或附加装饰物的部分。

（3）材料、部品部件进场时应进行专项验收，检查龙骨、型材、饰面板等品种、型号、规格、性能、技术参数等是否满足设计及规范要求。

（4）准备冲击电钻、切割机、手电钻、水平仪、水准仪、钢卷尺、靠尺、羊角锤等。

（5）做好技术、环境、安全交底。

2. 施工流程

自饰面硅酸钙板墙面施工流程见图4-31。自饰面硅酸钙板墙面施工具体流程及要点如表4-26所示。

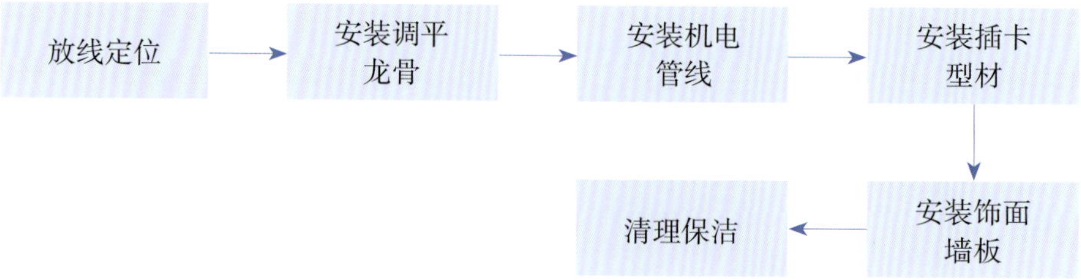

图4-31 自饰面硅酸钙板墙面施工流程

表4-26 自饰面硅酸钙板墙面施工流程及要点

序号	流程	要点
1	放线定位	根据图纸确定基层龙骨分布及居中位置，用红外线水平仪将龙骨的位置反映到墙面上
2	安装调平龙骨	根据基层龙骨分布线，用膨胀螺栓将调平龙骨固定在基层墙体上，依设计要求控制龙骨间距
3	安装机电管线	在饰面墙板与基层墙体空腔内安装机电管线，并确保使用功能和排布美观
4	安装插卡型材	确定插卡型材安装位置，利用自攻螺钉固定于调平龙骨上
5	安装饰面墙板	墙板安装从阳角方向往阴角方向进行，相邻两块饰面墙板采用插卡型材拼接固定，安装后检查复核平整度
6	清理保洁	清理安装过程中的保护膜或其他辅助材料，确保墙面整洁干净

3. 施工常见问题及预案

施工常见问题及预案见表4-27。

表4-27 施工常见问题及预案

序号	问题	预案
1	龙骨安装不平整、不牢固 	①根据墙面材料使用专用螺栓固定； ②调平龙骨固定时应安装紧固，不能有松动； ③龙骨安装后需进行复核调整，确保平整度满足设计及规范要求
2	饰面板出现高低差、板面有凹凸、饰面板缝隙不均匀 	①龙骨间距需按设计要求安装； ②龙骨安装完成后进行全面检查，需做到横平竖直； ③饰面板固定前先预装
3	饰面板变形 	①按设计要求严格交底，控制龙骨间距，必要时采用打胶方式增强饰面板安装强度； ②镜子、电气设备等挂装部位需按设计要求增设基层板或龙骨进行加固处理

4.4.3 装配式吊顶

装配式吊顶是指由吊顶饰面板、金属龙骨、承力构件、挂接件等构成，通过吊挂、插槽、卡扣等方式安装的吊顶系统，可实现功能集成化，免去现场二次加工。其常见的产品类型有铝板吊顶、金属复合板吊顶、石膏基饰面板吊顶、水泥基饰面板吊顶等。下面以装配式铝单板吊顶（图4-32）为例，列出施工要点。

图4-32 装配式铝板吊顶

1. 施工准备

（1）检查施工现场场地是否干净，施工范围内是否无明显障碍物，保证场地具备现场作业施工条件。

（2）熟悉施工图纸，确认作业面标高，对吊顶工程内的风口、消防排烟口、消防喷淋头、烟感器、检修口、大型灯具口等设备设施的标高、开孔位置及尺寸要求等进行现场确认和记录。

（3）材料、部品部件进场时应进行专项验收，检查吊杆、龙骨、挂件、饰面板等品种、型号、规格、性能、技术参数等是否满足设计及规范要求。

（4）准备砂轮圆盘切割机、手枪钻、射钉枪、冲击电锤、拉铆枪、钢锯、钳子、螺丝刀、扳手、经纬仪、水准仪、钢卷尺、靠尺等。

（5）做好技术、环境、安全交底。

2. 施工流程

装配式铝板吊顶施工流程见图4-33。装配式铝板吊顶施工具体流程及要点如表4-28所示。

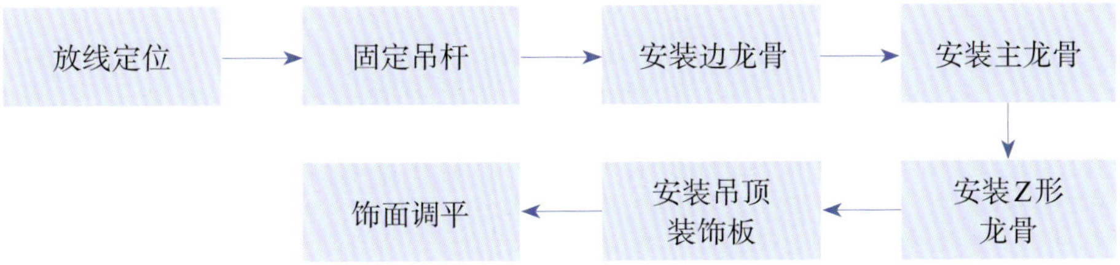

图4-33 装配式铝板吊顶施工流程

表4-28 装配式铝板吊顶施工流程及要点

序号	流程	要点
1	放线定位	根据图纸，沿墙四周弹顶棚标高水平线，并在墙上画好龙骨分档位置线
2	固定吊杆	依据放线定位，确定吊杆下端头的标高，吊杆用膨胀螺栓固定在楼板上
3	安装边龙骨	依据弹线位置，将边龙骨利用自攻螺钉与预埋墙上的膨胀管固定
4	安装主龙骨	主龙骨宜平行于房间长向安装，一般从房间吊顶中心向两边均匀排列，悬臂段不应大于300 mm，龙骨与吊筋固定牢固
5	安装Z形龙骨	Z形型材通过专用吊挂件与主龙骨吊挂连接，间距与吊顶饰面板尺寸相符
6	安装吊顶装饰板	利用饰面板边缘特制L形或Z形翻边，与Z形材进行吊挂连接，饰面板应从空间的一端向另一端依次安装，保证板间交接流畅美观
7	饰面调平	进行饰面板调平工作，保证板面间平整、均匀、顺直，达到验收要求

3. 施工常见问题及预案

施工常见问题及预案见表4-29。

表4-29 施工常见问题及预案

序号	问题	预案
1	吊顶局部下沉 	①主龙骨沿长度方向按规范要求起拱，龙骨的接长应采取对接方式，相邻龙骨的接头要错开，避免主龙骨向一边倾斜；龙骨安装完毕后，应先检查合格后再安装面板； ②吊件必须安装牢固，严禁松动变形，Z形龙骨分格的几何尺寸必须符合设计要求和饰面板块的模数； ③铝板厚度、强度需符合设计要求，大尺寸铝板加设背筋

续上表

序号	问题	预案
2	板与板高低差，板缝不均匀 	①板块装饰前应严格控制角度和周边的规整性，尺寸要一致； ②安装时应通线找直，并按拼缝中心线排放饰面板，排列必须整齐
3	灯具、烟感、喷淋点位杂乱 	①提前做好吊顶灯具、烟感、喷淋点位深化排布； ②落实好图纸交底工作； ③施工前做好与机电、消防等专业的协调工作

4.4.4 装配式地面

装配式地面是指在工厂生产的具有抗压、耐磨、防火、隔声、防潮等性能的部品部件，采用干式工法装配而成的架空地面层或饰面层楼地面。目前，常见的装配式地面类型有架铺地面、干铺地面、薄贴地面等。下面以架铺地面（图4–34）为例，列出施工要点。

图4–34 架铺地面

1. 施工准备

（1）施工前，对地面平整度等情况进行勘验，确认施工工作面具备施工条件。

（2）施工前，对装配式地面部品、零配件等材料进行验收，保证材料规格、尺寸及性能满足设计要求，并符合国家现行有关标准的规定。

（3）对施工人员进行技术交底及安全培训。

（4）准备手电钻、切割锯、螺丝刀、活动扳手、拉钉枪、手钳、地板吸盘、红外线水平仪、水平尺、靠尺、钢卷尺、美工刀、记号笔等主要机具。

2. 施工流程

架铺地面施工流程见图4–35。架铺地面施工具体流程及要点如表4–30所示。

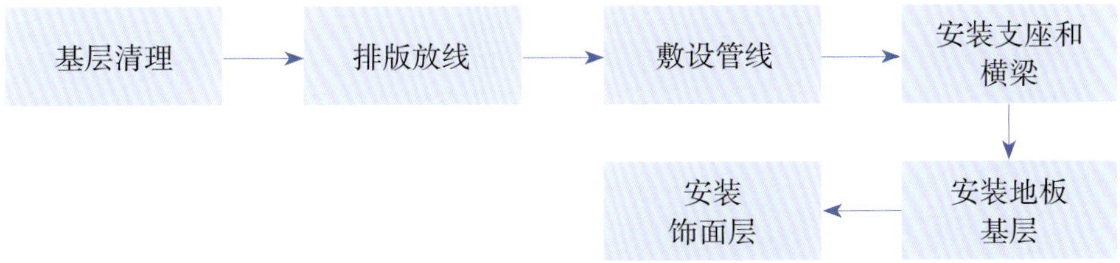

图4–35　架铺地面施工流程

表4–30　架铺地面施工流程及要点

序号	流程	要点
1	基层清理	施工前，将混凝土地面清理干净，要求混凝土楼地面基层表面平整、光洁、不起灰，含水率符合国家现行标准要求
2	排版放线	根据排版图纸，在楼地面放线形成方格网，并标出设备安装位置，同时在四周墙上弹出横梁组件及地板面层的标高控制线
3	敷设管线	根据控制线，敷设机电管线，管线铺设应避开支架底座位置，并做好隐蔽验收
4	安装支座和横梁	根据楼地面方格网和墙面标高控制线，在方格网交点上安装支座和横梁，并采用水准仪抄平
5	安装地板基层	铺设架空地板模块，保证架空地板四角交接处平整、严密，不得采用加垫的方法进行施工
6	安装饰面层	架空地板模块铺设完成后，在表面铺设饰面板，饰面板与架空地板模块应错缝安装，饰面板铺设后应同步进行成品保护

3. 施工常见问题及预案

施工常见问题及预案见表4–31。

表4-31　施工常见问题及预案

序号	问题	预案
1	架空地板固定不牢固，有异响 	①提前检查基层地面，保证地面干净、平整，无凸起或凹陷； ②提前检查支座及横梁，保证支座与横梁整体连接牢固，水平度满足要求； ③架空地板模块逐块安装，并保证板面、四角、接角平整、严密，不得采用加垫的方法
2	地板接缝不整齐、有毛刺 	①收边地板切割前应进行测量，保证收边地板与墙面紧密连接，伸缩缝符合设计及规范要求； ②收边地板切割应平整，无锐角或毛刺
3	地板表面不平整 	①支座安装完成后应采用水准仪复核平整度，保证支座在同一水平上； ②架空地板模块铺设完成后宜整体进行调平，并采用水准仪加水平尺校核； ③架空地板上严禁摆放超过架空地板准许荷载的重物

4.4.5 集成式厨房

集成式厨房是指吊顶、地面、墙面、橱柜、设备及管线等通过集成设计、工厂生产，并在现场主要采用干式工法施工完成的厨房，具有标准化生产、快速安装、防渗漏等特点。其常见类型有集成式厨房、整体厨房。下面以集成式厨房为例（图4-36），列出施工要点。

图4-36 集成式厨房

1. 施工准备

（1）施工前检验施工工作面是否满足施工条件，重点检验墙地面平整度、门窗洞口预留尺寸、给排水点位预留尺寸等项目。

（2）施工前，对集成式厨房部品、零配件、设施设备等材料进行验收，保证材料规格、尺寸及性能满足设计要求，并符合国家现行有关标准的规定。

（3）对施工人员进行技术交底及安全培训。

（4）准备手电钻、切割锯、螺丝刀、活动扳手、胶枪、红外线水平仪、人字梯、水平尺、胶锤、角尺、靠尺、开孔器、钢卷尺、美工刀、记号笔等主要机具。

2. 施工流程

集成式厨房施工流程见图4-37。集成式厨房施工具体流程及要点如表4-32所示。

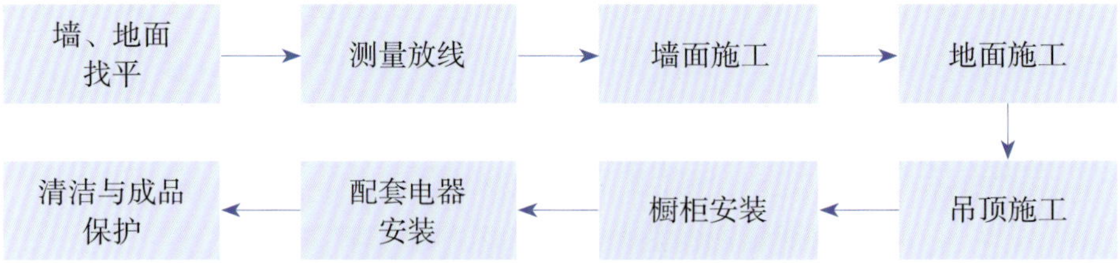

图4-37 集成式厨房施工流程

表4-32 集成式厨房施工流程及要点

序号	流程	要点
1	墙、地面找平	对厨房孔洞、渗漏处进行处理，并对基层进行修补、找平
2	测量放线	根据设计图纸，弹设出龙骨控制线、地面完成线、打孔位置线、加固板位置标识线、强弱电设备位置标识线、出水口位置标识线、天花完成线等
3	墙面施工	根据龙骨控制线固定墙面龙骨，安装首块墙板，待水平仪检查墙板平整及垂直度无误后，按照设计要求和标记位置依次安装剩余的墙板
4	地面施工	施工前地应根据现场情况设置铺设起点，宜从门洞口向内依次铺设，并保证施工平整、牢固
5	吊顶施工	根据测量放线，布置吊顶龙骨，采用专用卡挂件将饰面板固定至龙骨上，并保证吊顶饰面板安装位置准确，均匀一致，收边通畅顺直
6	橱柜安装	根据设计图纸及部品编号，依次安装橱柜，橱柜安装、调整完毕后，应与墙面饰面层、吊顶面层之间进行密封处理
7	配套电器安装	电器设备安装前应按照设计要求采取加固措施或设置预埋件，电器设备安装应牢固，并进行调试与验收
8	清洁与成品保护	清理安装过程中的保护膜或其他辅助材料，确保集成式厨房整洁干净

3. 施工常见问题及预案

施工常见问题及预案见表4-33。

表4-33 施工常见问题及预案

<table>
<tr><th>序号</th><th>问题</th><th>预案</th></tr>
<tr><td rowspan="2">1</td><td>柜体预留孔洞大小、位置与厨房预留管线偏差过大</td><td rowspan="2">施工前，应对墙地面的预留线管、设备等位置、大小进行复核，确保橱柜预留点位、大小准确，并符合国家现行有关标准的规定</td></tr>
<tr><td></td></tr>
<tr><td rowspan="2">2</td><td>厨房橱柜与顶棚、墙体交接处不嵌合、不严密</td><td rowspan="2">①安装前，应对橱柜进行预装，并检查柜体是否平整、拼装是否严密，与现场实际结构、布局、设计是否一致等；
②橱柜按顺序拼接、固定，并采用水平尺复核柜体平整度，同时保证柜体门板无变形，板面平整，门板与柜体、门与门、柜体与顶棚、墙体缝隙应均匀一致，无上下前后错落问题</td></tr>
<tr><td></td></tr>
</table>

4.4.6 集成式卫生间

集成式卫生间是指吊顶、地面、墙面、洁具、设备及管线等通过集成设计、工厂生产，并在现场主要采用干式工法施工完成的卫生间。集成式卫生间中集成化程度最高的是整体卫生间。整体卫生间是由顶板、防水底盘、壁板及支撑龙骨构成独立主体框架，并在现场组装或整体吊装，具有防水性能强、绿色环保、施工简单快速等特点。目前，占市场主流的整体卫生间类型有SMC整体卫生间、VCM彩钢板整体卫生间、瓷砖壁板整体卫生间。下面以SMC整体卫生间（图4-38）为例，列出施工要点。

图4-38　SMC整体卫生间

1. 施工准备

（1）施工前检验施工工作面是否具备施工条件，重点检验墙地面平整度、门窗洞口结构预留尺寸；沉箱预留尺寸、平整度、清洁度；机电、水电预留点位等项目。

（2）施工前对卫生间底盘、壁板、天花板、安装辅件、五金洁具等部件进行进场验收，保证材料规格、尺寸及性能满足设计要求，并符合国家现行有关标准的规定。

（3）对施工人员进行技术交底及安全培训。

（4）准备手持冲击钻、电钻、吸盘、活动扳手、胶枪、水平尺、胶锤、角尺、靠尺、开孔器、钢卷尺、红外线水平仪、美工刀、记号笔等主要机具。

2. 施工流程

SMC整体卫生间施工流程见图4-39。SMC整体卫生间施工具体流程及要点如表4-34所示。

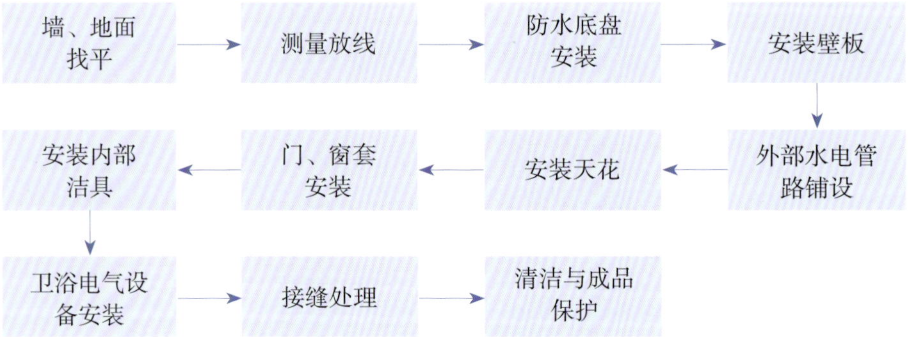

图4-39　SMC整体卫生间施工流程

表4–34 SMC整体卫生间施工流程及要点

序号	流程	要点
1	墙、地面找平	对卫生间孔洞、渗漏处进行处理，并对基层进行修补、找平
2	测量放线	依据图纸分别弹出水平基准线、龙骨完成线、强弱电设备位置标识线、出水口位置标识线、天花完成线等
3	防水底盘安装	安装SMC防水底盘，并用红外线复核，保证SMC防水底盘安装满足设计要求，然后做闭水测试和排水测试
4	安装壁板	按照图纸和标号顺序逐一安装卫生间壁板，相邻壁板采用专用连接件固定，并将接缝密封处理，卫生间壁板安装要求表面平整、拼缝垂直
5	外部水电管路铺设	根据图纸对外部水电管路进行铺设，并经隐蔽验收合格
6	安装天花	天花板与壁板连接，并固定牢固，天花板与壁板接缝应密封打胶
7	门、窗套安装	按图纸要求，将门以及窗套与卫生间墙板做好连接，交界缝隙应采用密封胶进行处理
8	安装内部洁具	按图纸要求安装洁具，并连接各管道接口
9	卫浴电气设备安装	根据卫浴电路图，布置卫浴电气线路，安装卫浴电气设备，并进行调试与验收
10	接缝处理	所有板、壁接缝处进行打胶处理，打胶应均匀、细腻、连续
11	清洁与成品保护	清理安装过程中的保护膜或其他辅助材料，确保SMC整体卫生间整洁干净

3. 施工常见问题及预案

施工常见问题及预案如表4–35所示。

表4–35 施工常见问题及预案

序号	问题	预案
1	沉箱预留不满足整体卫生间应用要求 	①建筑设计应协调结构、装修、设备等专业共同确定整体卫浴的布局方案、结构方案、设备管线敷设方式和路径、主体结构孔洞尺寸预留以及管道井位置等； ②主体结构施工单位应保证现浇结构尺寸准确，误差满足验收规范； ③严格执行交接验收制度

续上表

序号	问题	预案
2	洁具排水不畅 	①防水底盘安装前，检查排水管道，确保排水管内部干净、无堵塞，同时复核排水管位置和高度，确保符合设计要求； ②防水底盘安装后对排水管道进行通水试验，确保排水管道排水通畅
3	墙板高低差、大小缝 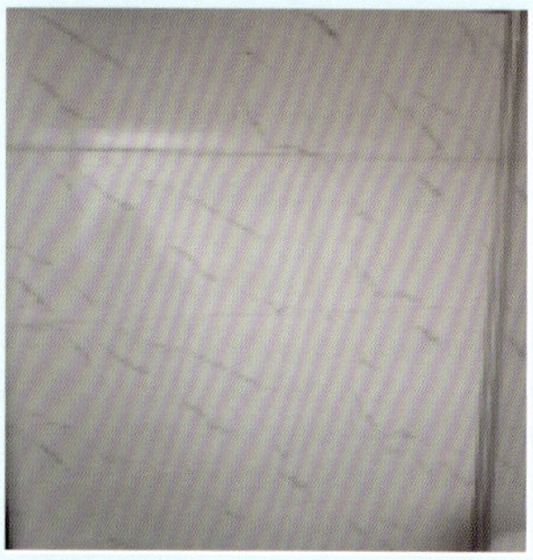	每块墙板安装时测量是否安装垂直，检查每个连接件是否安装到预留孔位，在墙板没有完全固定之前调整墙面平整度
4	卫生间漏水 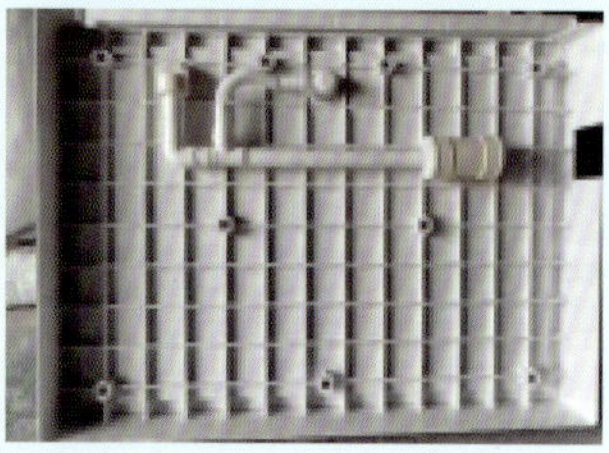	①确认排水管道安装牢固、严密，高度、位置满足设计要求，排水通畅； ②防水底盘安装后，对防水底盘进行满水试验，保证防水底盘无渗漏问题； ③卫生间安装完毕后在壁板间、壁板与窗框间、壁板与底盘间进行打胶，并保证连续、均匀、密实

4.5 工具式模板施工要点

工具式模板类型有铝合金模板、塑料模板、钢模板等。下面以铝合金模板（图4-40）为例，列出施工要点。

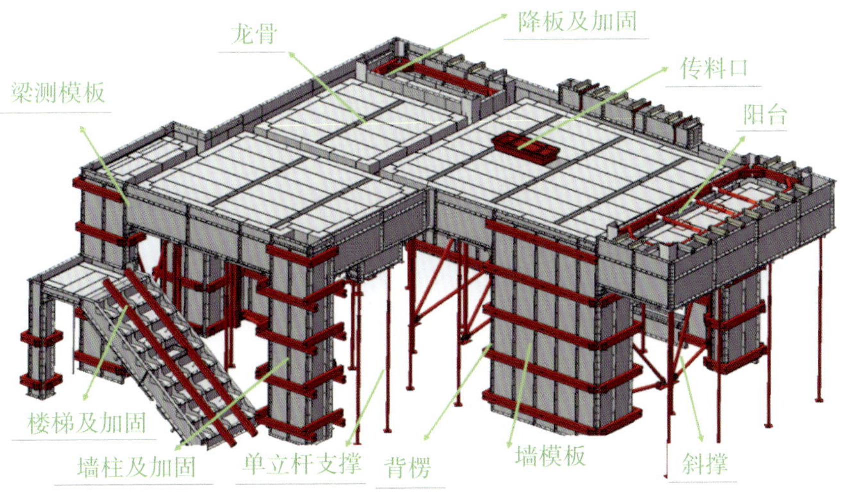

图4-40 铝合金模板示意图

1. 铝合金模板施工准备

（1）施工前宜确定安装施工方案及相关技术文件。文件建议包括以下内容：铝合金模板与主体结构间的加固做法；门、窗洞口处模板做法；暗管线、吊挂重物、防裂缝部位模板做法；铝合金模板产品、配套材料及配件的供应、运输、存放；施工人员及机具组织调配；安装工艺方法要求、安装顺序、工期进度、安装质量、安全措施等。

（2）铝合金模板进场前，宜在工厂进行预拼装。

（3）进场时应根据国家、地方及企业、设计标准进行专项验收，验收标准宜在前期验收时进行统一规定。

（4）负责安装、拆除铝合金模板的工人，宜提前到铝合金模板生产厂现场熟悉拼装过程。

（5）标准层选用铝合金模板，支撑采用可调式独立钢支撑，脱模剂选用铝合金模板专用脱模剂，不得采用废机油。

2. 施工流程

铝合金模板施工流程见图4-41。铝合金模板施工具体流程及要点如表4-36所示。

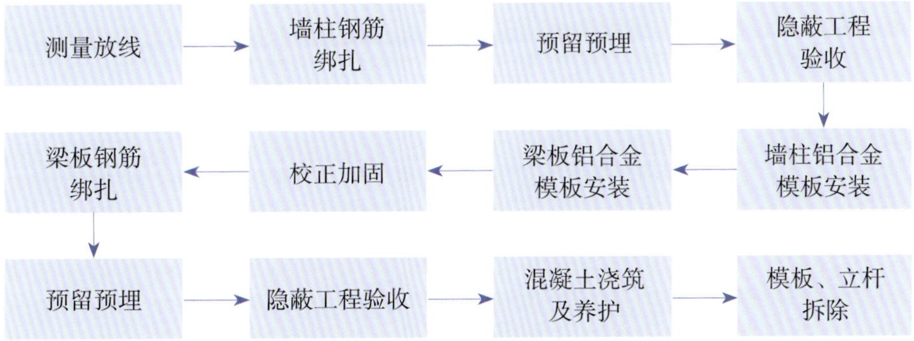

图4-41 铝合金模板施工流程

表4-36　铝合金模板施工流程及要点

序号	流程	要点
1	测量放线	①根据主控线在墙柱外300 mm设置墙体控制线，墙体控制线弹设完毕后，对所有控制线进行复核，确认无误后通过墙柱控制线弹出墙柱边线，墙柱边线误差控制在2 mm以内； ②楼面砼浇筑完成后，在距楼面板50～100 mm钢筋处焊接墙厚定位钢筋，定位钢筋长度根据墙厚确定，其焊接按照弹出的墙线确定，钢筋与墙线控制线偏差应小于2 mm； ③砼浇筑完毕后，及时将1 m标高线在每道剪力墙钢筋上标识出，每道剪力墙角边钢筋均需给出标高点，墙体长度超过3 m须在墙中部钢筋添加一个标高点，每个标高点间距为1.5～2 m，以便于楼层高度的检查控制；同时在下一层工具式模板单只顶上标出1 m线对标高进行复检
2	墙柱钢筋绑扎	按照施工图纸绑扎竖向墙体钢筋，并将定位筋准确焊接
3	预留预埋	①工具式模板安装前进行墙柱管线预埋，密封保护开关盒，并与钢筋绑紧扎牢； ②待管线开关盒预埋完成并验收后，开始安装墙柱工具式模板
4	隐蔽工程验收	按照设计标准和规范标准进行隐蔽验收
5	墙柱铝合金模板安装	①清理模板，按顺序运输并摆放好，涂刷脱模剂； ②从墙角开始按模板编号顺序向两边延伸安装，为防止模板倒落，须加以临时的固定斜撑（木方、钢管等）； ③在安装另一侧墙模板时，在对拉螺栓孔位置附近把尺寸相符的内支撑条垂直放置在剪力墙的钢筋上； ④从下往上、从外往内安装背楞，对拉螺杆超出背楞两端的距离必须保持一致，墙两侧横向背楞安装完成后，安装竖向背楞，再用螺母进行加固
6	梁板铝合金模板安装	①在楼板面上把已清理干净的梁底模板、早拆头、阴角模按编码图进行拼装； ②调节好钢支撑，将梁底模板调平后，安装梁侧模板，所有横向连接的模板，插销必须由上而下插入，以免在浇砼振捣时插销震落，造成爆模，影响安全； ③将梁侧模放置于梁底模对应位置上，按编号依序安装好梁侧模； ④在梁钢筋绑扎完成后安装外侧模板，并用对拉螺杆加固

续上表

序号	流程	要点
7	校正加固	①每个单元的水平及标高调整完毕后，需对整个楼面做一次水平和标高的校核； ②检查墙身对拉螺杆是否拧紧； ③检查混凝土墙身模板底部是否用素混凝土填实； ④把楼面板及梁板清洁干净后刷脱模剂
8	梁板钢筋绑扎	按照施工图纸绑扎梁板钢筋
9	预留预埋	①工具式模板全部安装完成后，进行梁、板管线预埋； ②对梁预留管线位置进行确定，开孔固定位置后不可再行移动
10	隐蔽工程验收	按照设计标准和规范标准进行隐蔽验收
11	混凝土浇筑及养护	进行浇筑前检查后，进行浇筑作业，并定期检查模板销子、楔子、对拉螺杆的连接情况
12	模板、立杆拆除	①拆除墙柱侧模：先拆除斜支撑，再拆除穿墙螺栓，再拆除模板连接的销钉，拆下的模板和配件需要及时清理，并搬运至上一层同一位置平放叠好； ②拆除梁板：当满足模板拆除要求时，先拆除梁板连接的销钉，再拆除梁板； ③拆除顶模：顶模拆除先从梁、板支撑杆的位置开始，拆除梁、板支撑杆销钉和与其相连的连接件，紧跟着拆除与其相邻的梁、板的销钉，然后可以拆除模板，利用撬棍从模板与混凝土交接处撬下，拆除时确保支撑杆保持原样，不得松动；拆下的模板和配件及时清理，搬运至上一层同一位置平放叠好； ④拆除支撑杆：支撑杆的拆除应符合《混凝土工程施工质量规范》(GB 50204—2015）关于底模拆除时的混凝土强度要求，根据留置的拆模试块来确定支撑杆的拆模时间；拆除每个支撑时，用一只手抓住支撑杆，另一只手用锤松动方向锤击调节螺母，即可拆除支撑杆

3. 施工常见问题及预案

施工常见问题及预案见表4–37。

表4-37　施工常见问题及预案

序号	问题	预案
1	楼板未预留工具式模板传料口 	①住宅宜按照每户一个户型预留一个叠合板拼缝（宽度≥300 mm），用于设置模板传料口； ②写字楼项目宜按照面积每100 ㎡预留一个叠合板拼缝（宽度≥300 mm），用于设置模板传料口
2	预制构件与工具式模板尺寸精度不匹配，工具式模板安装困难或因间隙过大导致漏浆 	①严格控制预制安装位置、垂直度，两块预制构件之间间距宜为正公差，工具式模板安装前做好交接验收； ②严格控制工具式模板的施工管理，确保工具式模板组装后的公差符合要求
3	预制构件斜撑与工具式模板相互干涉，导致工具式模板无法安装或安装困难 	①加强工具式模板与预制构件深化设计时的沟通协调，及时发现存在干涉部位，并做好避让调整； ②加固复杂部位宜采用BIM技术进行碰撞分析，确定避让做法

续上表

序号	问题	预案
4	预制构件与工具式模板间缝隙过大 	①针对预制构件与工具式模板连接位置，提前做好封堵措施； ②控制预制构件、工具式模板连接缝隙，使其不超过2 mm； ③工具式模板在竖向构件与现浇交接部位，采用螺杆、螺栓固定紧密，避免缝隙过大情况
5	预制构件处工具式模板背楞安装错误 	①施工交底时，对工具式模板安装加固做法、施工过程重难点进行强调； ②工具式模板厂家宜派工作人员到现场指导； ③施工过程严格按照试拼装背楞编号进行安装
6	工具式模板背楞与构件七字码碰撞 	深化设计协同，各参与单位（预制构件生产单位、工具式模板厂家），宜充分考虑工具式模板立杆支撑、斜撑、背楞和预制构件立杆支撑、斜撑、七字码等安装位置关系，特别是工具式模板与预制构件连接处的空间位置关系

序号	问题	预案
7	立杆间距不符合方案要求 	加强过程交底及施工验收，严格按方案要求施工，对于立杆设置不满足要求的及时整改。楼板支撑间距≤1.2 m×1.2 m。按照梁截面尺寸控制梁底支撑间距，常规尺寸梁截面，支撑间距≤1.2 m；较大尺寸梁截面，支撑间距≤0.9 m，视情况设置单/双支撑
8	背楞、螺杆设置不符合方案要求  	①严格按方案要求施工，加强过程验收，墙柱侧模采用背楞及对拉螺杆加固，底层背楞与板面的间距不宜大于250 mm，内墙最上一道背楞与板顶的间距不宜大于700 mm，背楞竖向间距不大于800 mm。层高2.8～3 m的墙柱，内墙柱必须设置不少于4道背楞，外墙柱必须设置不少于5道背楞； ②当板下梁净高度大于600 mm或梁侧模板沿高度方向拼接时，应在梁侧模板处设置背楞，最底部一道背楞与梁底的间距不小于150 mm 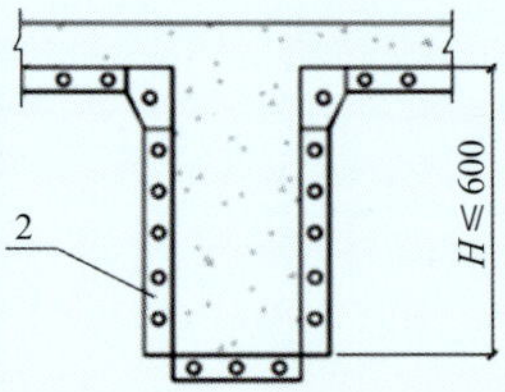 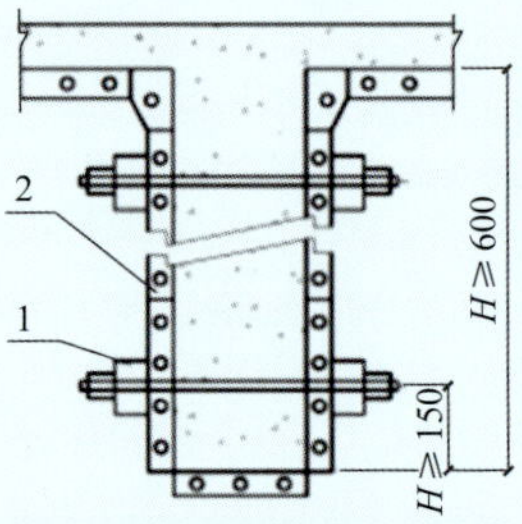
9	外墙下部K板有错台；上部K板未调直，浇筑完成后外墙不平	严格按方案施工，加强技术交底，安装外墙模板时，顶部最上一块K板不拆，作为上层根部及限位，以防跑模、错台及漏浆，降板处先用垫条板垫平后再安装墙柱模板，竖立墙柱工具式模板时，宜按控制线及定位筋选择模板位置

4.6 工具式脚手架施工要点

工具式脚手架类型有扣件式脚手架、碗扣式钢管脚手架、盘扣式钢管脚手架、门式钢管脚手架、附着式升降脚手架等。下面以附着式升降脚手架为例，列出施工要点。附着式升降脚手架由竖向主框架、水平支承桁架、架体构架、附墙支承、升降机构和同步控制装置组成，其结构组成如图4-42所示。

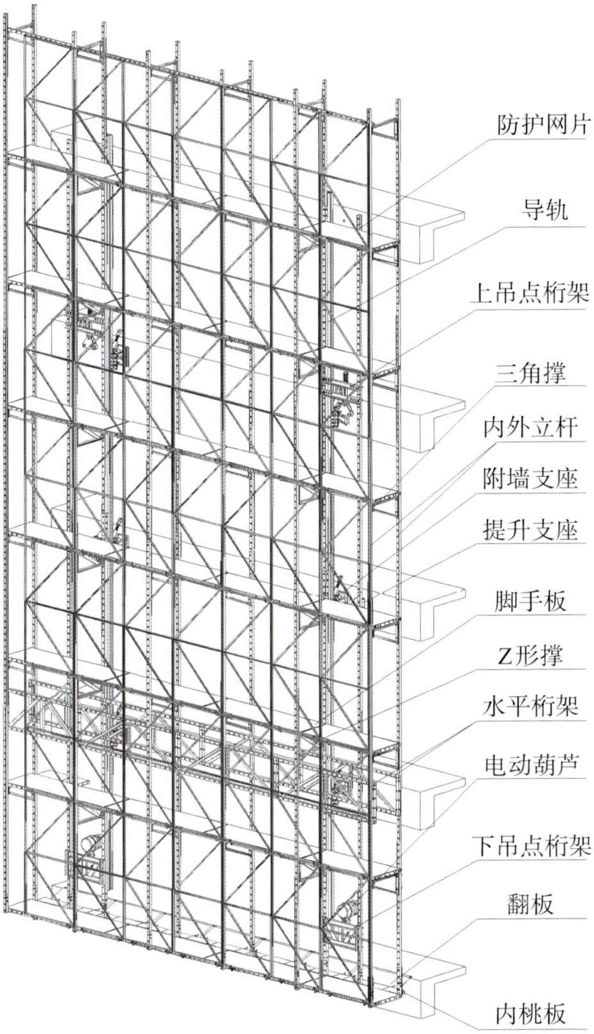

图4-42　附着式升降脚手架示意图

1.施工准备要点

（1）施工前应编制专项施工方案及相关技术文件。其内容应包括工程概况、编制依据、施工计划、施工工艺技术、施工保证措施、施工管理及作业人员配备和分工、验收要求、应急处置措施、计算书及相关施工图纸等。超过一定规模及特殊高度架体时，还应组织专家论证。

（2）进场时应根据国家、行业、地方及企业、设计标准进行专项验收，验收标准宜在前期验收时进行统一规定。

（3）附着式升降脚手架安装前必须查看分包单位相关资料，主要包括资质证书、安全生产许可证、产品形式检验报告。

（4）附着式升降脚手架安装前，应对附着式升降脚手架各构配件进行全面的检查和验收，检查验收合格后，方可使用，关键构件如穿墙螺栓必须送检。

（5）所有在架体上进行组装、提升及拆除作业的操作人员必须持架子工证，作业时必须正确佩戴安全带；作业时必须有专职安全人员进行旁站监督。

（6）在组装前应对所有操作人员进行全面的技术方案交底和安全操作交底，必要时可组织操作人员进行有关附着式升降脚手架操作的书面考试，考试合格者方可上岗操作。

2. 施工流程要点

附着式升降脚手架施工主要分三个阶段，即组装、升降及拆除，每个阶段具体的施工流程如图4–43至图4–45所示。

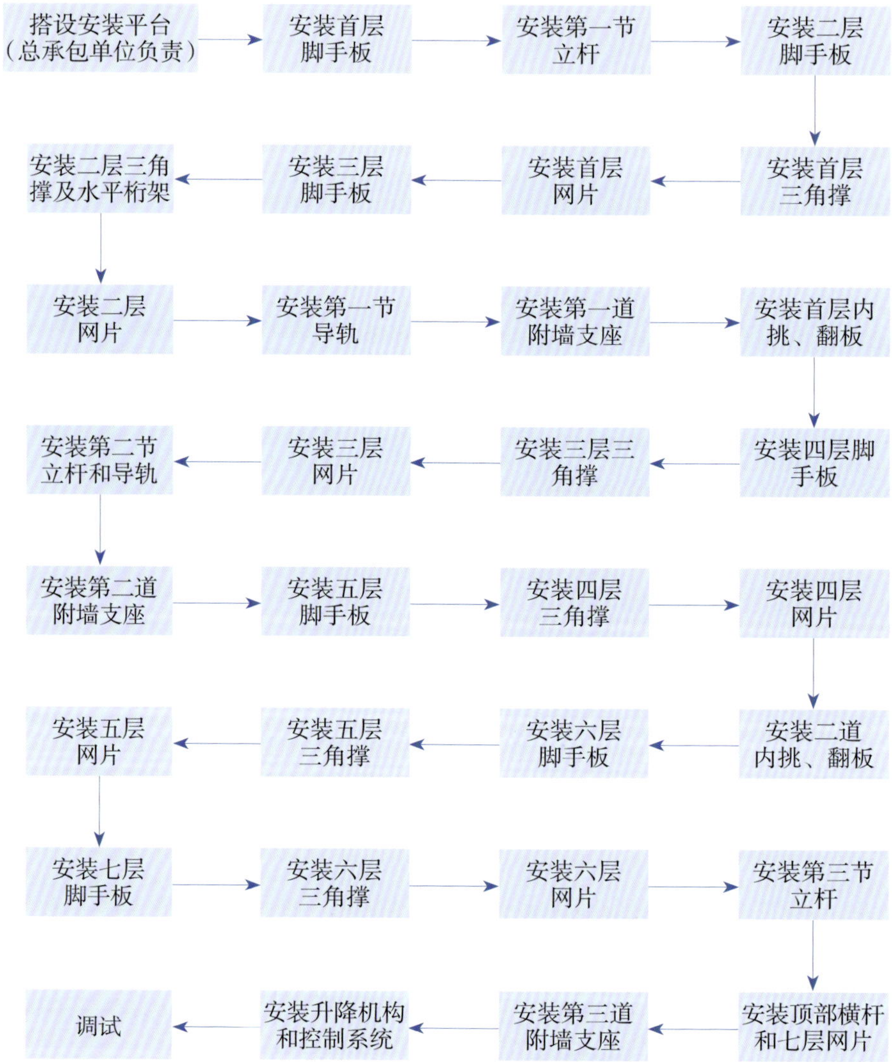

图4–43　附着式升降脚手架组装施工流程

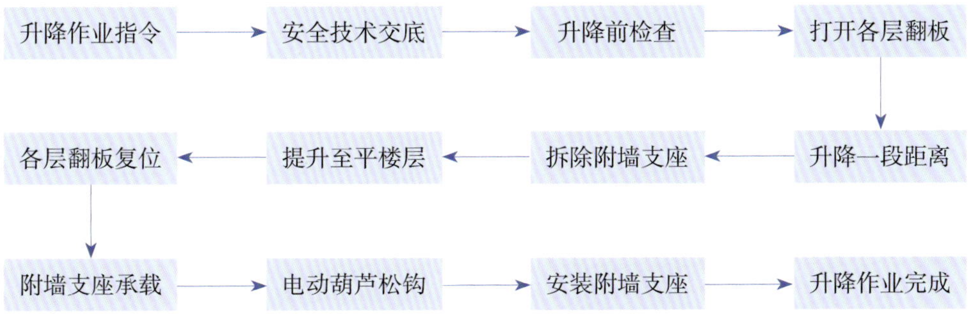

图4-44　附着式升降脚手架升降施工流程

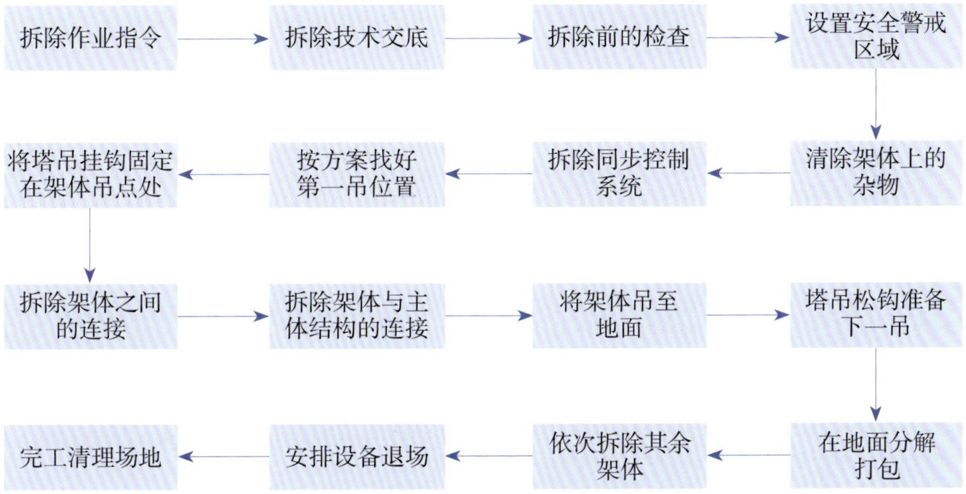

图4-45　附着式升降脚手架拆除施工流程

各个阶段施工具体流程及要点如表4-38所示。

表4-38　附着式升降脚手架施工流程及要点

序号	流程	要点
1	搭设安装平台（总承包单位负责）	①安装平台一般采用扣件式脚手架，其步距、立杆间距、剪刀撑及连墙件的安装必须满足规范要求； ②内排架钢管中心距离结构边小于250 mm，外排架钢管中心距离结构边大于1300 mm，表面平整度为 ± 20 mm/10 m； ③根据架体高度确定安装平台的承载能力，且承载能力不小于4 kN/m^2； ④安装平台离楼板的高度宜为500～800 mm，外侧必须有不小于1.5 m的防护高度； ⑤安装平台的小横杆在大横杆的上面

续上表

序号	流程	要点
2	安装脚手板	①按平面布置图将脚手板摆放在安装平台上，各脚手板之间通过M16的螺栓组进行连接，具体规格根据方案要求使用； ②应保证脚手板内侧边沿与建筑结构之间的距离与机位平面布置图中的一致； ③塔吊附臂处的吊桥脚手板应连接成一个整体； ④首层脚手板布置完成后应进行水平度和离建筑结构距离的校对，发现不当之处应及时调整； ⑤首层脚手板安装过程中，间隔4～5 m距离用钢管和扣件将脚手板扣在安装平台上，加固脚手板
3	安装立杆	①立杆对接处必须采用内外连接件的方式，保证接口处的强度； ②除特殊位置（如转角处）外，内外立杆对齐且相临立杆之间的距离不超过2 m
4	安装防护网	①安装防护网时，一般从一面的端部开始，根据平面图依次安装； ②每张防护网使用4个连接点，上下各两个，且每个连接点的安装位置离网片边沿距离控制在100～200 mm； ③安装防护网片时，应注意防护网的方向，确保安装后呈米字形结构； ④防护网外形任意方向上的尺寸不宜超过2 m
5	安装水平桁架	①安装水平桁架时，需注意桁架方向，保证安装好的水平桁架呈连续折线形； ②水平桁架必须内外等高安装且必须连成一个整体； ③水平桁架的安装位置必须与国检报告中的一致； ④施工电梯、塔吊附臂及料台口水平桁架有断开处，需要在上一层脚手板上布置水平桁架且单边需多跨一段距离
6	安装竖向主框架	①每个竖向主框架由导轨、Z形撑、外立杆及兜底杆组成，各构件之间通过螺栓组进行连接； ②每个竖向主框架处需要安装兜底杆，兜底杆通过螺栓组与首层脚手板连接； ③Z形撑安装在除底层脚手板以外的每一层脚手板的底部； ④通过螺栓组将导轨固定在兜底杆、Z形撑和脚手板上； ⑤注意导轨对接处需要采用内外连接件，且注意控制接口处的错台尺寸不能太大

续上表

序号	流程	要点
7	安装附墙支座	①安装附墙支座前应先检查预埋孔位是否正确，其预埋孔是否通畅，且必须检查附墙支座中的防坠装置是否上下转动灵活，不会出现卡顿现象，导轮轴不能变形，能起到滚动作用，防止导轨与附墙支座剐蹭； ②通过2根穿墙螺杆将附墙支座固定在建筑结构的预埋孔中，且内外两侧使用100 mm × 100 mm × 10 mm垫片和双螺母，露丝不能低于3丝且不小于10 mm； ③附墙支座安装好后，须保证防坠装置垂直居中卡入导轨防坠孔中，并扭紧支顶器至导轨的防坠横杆上，使支顶器处于承载状态； ④未安装首个附墙支座时，必须在每个导轨处进行斜拉，如果导轨处不方便拉至楼板处或还没有安装导轨时，可拉结第三层脚手板，且两个拉结点之间的距离不超过5 m
8	密封组件安装	①根据项目要求安装内挑板，且保证离结构边距离不超过150 mm； ②正常情况下需要2层密封，分别是在底层和第三层结构处（从底层往上数）且必须保证底层翻板全密封，宜通过螺栓将翻板固定在架体上； ③踢脚板安装在防护网与脚手板交接处，通过自攻螺丝将其固定，一端固定在脚手板上，另一端固定在防护网片上
9	上下吊点桁架的安装	①上下吊点安装在每一个竖向主框架处，且必须牢固可靠； ②安装上下吊点时要注意吊点的方向，保证与方案中的一致
10	动力系统的安装	①每一个竖向主框架处都需要安装一个电动葫芦，且需要塔吊配合安装，吊装过程注意不能使电动葫芦与架体或建筑结构碰撞； ②吊装前先将重力传感器固定在下吊点桁架上，然后将电动葫芦固定在上吊点桁架上，让葫芦处于垂直状态； ③将电动葫芦钩挂在重力传感器上，并预紧电动葫芦顶部的弹簧； ④电动葫芦安装后需安装防尘防污染帽
11	同步控制系统的安装	①每一个电动葫芦处都需要安装一套智能分机，建议安装位置于第三层脚手板往上约1.5 m位置处且离导轨距离不超过1 m范围，每一栋楼配一个智能总控箱； ②所有电动葫芦的接线方式一致，确保使用过程中葫芦的转动方向一致，从而升降方向一致； ③电源线和信号线通过串联的方式将每个智能分机连接起来，传感器的线一端直接安插在智能分机上，另一端与传感器相连； ④安装完各种线后，需要用波纹管或线槽将线保护起来，过长的线也要捆扎好后固定，安装好后整体美观；

续上表

序号	流程	要点
11	同步控制系统的安装	⑤现场二级配电箱到总控电箱的电缆线额外提供，电缆线预留长度应满足提升一层高度的需求，电缆线接头必须利用绝缘防水胶布绑扎牢固，接线应牢固可靠，避免虚接、漏接
12	升降作业	①升降支座附着结构混凝土抗压强度应符合专项施工方案的要求，且不应小于20 MPa，须保证提升支座安装牢固可靠； ②升降作业前，由现场管理人员对作业人员进行安全技术交底，班组长进行具体的作业分工； ③升降作业时，在架体下方相关地面上用警戒绳圈出示警范围，并派专人监护； ④升降作业人员上岗前必须对通信设备进行复查、调试，设备统一到无干扰的同一频率后，方可进入各自的施工位置； ⑤升降过程中，作业人员要严密监视电动葫芦的运行情况，及时排除翻链、铰链和其他影响正常运行的故障； ⑥升降作业时，架体上严禁站人、堆放建筑材料或与附着式升降脚手架不相关的物品； ⑦升降作业过程中注意安全文明施工，作业人员必须正确佩戴安全帽、安全绳等安全防护用品
13	使用过程	①组装完成后应按《附着式升降脚手架首次安装完毕及使用前检查验收表》的要求检查验收，合格后方能使用； ②附着式升降脚手架每次升降前应按“附着式升降脚手架提升（降）前检查验收表”的要求检查验收，合格后方可升降； ③附着式升降脚手架升降完成后应按“附着式升降脚手架升（降）后检查验收表”［详见《建筑施工附着式升降脚手架安全技术规程》（DBJ/T 15-233—2021）］的要求检查验收合格，取得“附着式升降脚手架升（降）后使用申请及准许使用证”后方能使用； ④使用附着式升降脚手架时，同步使用二步架时，每层荷载应小于3 kN/m^2，同步使用三步架时，每层荷载应小于2 kN/m^2，严禁超载使用，荷载应尽量分布均匀，避免荷载集中； ⑤附着式升降脚手架在使用过程中禁止以下违章作业：利用附着式升降脚手架吊运物料，在附着式升降脚手架上推车，在附着式升降脚手架上拉结吊装缆绳，任意拆除结构件或松动连接件，拆除或移动脚手架上的安全防护措施，用塔吊等起吊物料时碰撞或者扯动脚手架架体，向附着式升降脚手架脚手板上倾倒施工垃圾；

续上表

序号	流程	要点
13	使用过程	⑥附着式升降脚手架按设计方案搭设完毕后，禁止在附着式升降脚手架上任意进行扩展、拆除、搭设和连接活动，禁止在架体外网挂设广告宣传牌； ⑦使用中，物料平台严禁与附着式升降脚手架架体连接在一起； ⑧当附着式升降脚手架停用超过一个月或遇六级以上大风后复工时，必须按“附着式升降脚手架安装完成首次提升前检查验收表”［详见《建筑施工附着式升降脚手架安全技术规程》(DBJ/T 15-233—2021)］的要求进行全面检查，检查合格后方可使用； ⑨遇到台风天气，应按照台风应急预案对架体进行加固
14	拆除	①拆除前，需要组织对现场的操作工人进行安全技术交底； ②架拆除过程中，须统一指挥、分工明确、责任到人，且只有持证人员才能在架体上进行作业； ③拆除作业时，在架体下方相关地面上用警戒绳圈出示警范围，并派专人监护； ④附着式升降脚手架拆除应按架体分组区段从上至下拆除，不得上下同时施工； ⑤拆除过程中，钢丝绳吊点的位置必须选择结构稳定处，一般选在竖向主框架的Z形撑或副框架的三角撑处； ⑥拆除过程中，每天下班前应确保未拆架体断口处安全可靠后方可下班，第二天上班前应检查未拆架体断口处，确保安全可靠后方可进行拆除作业； ⑦拆除作业应在白天进行，遇到5级及以上大风、大雨、大雪、浓雾和雷雨等恶劣天气时，不得进行拆除作业； ⑧螺栓、螺母、垫片、圆弧处垫块等标准件和小构配件应装入容器，然后用塔吊或人货电梯运送至地面，严禁将其直接抛掷至地面； ⑨拆除过程中注意安全文明施工，作业人员必须正确佩戴安全帽、安全绳等安全防护用品

3. 附着式升降脚手架施工常见问题及预案

施工常见问题及预案见表4-39。

表4-39　施工常见问题及预案

序号	问题	预案
1	塔吊附臂穿架体 	①根据塔吊附臂的具体情况，选择在架体底下4～5层，采用可翻转的脚手板和防护网，提升过程中遇到塔吊附臂时，将脚手板和防护网片打开，待通过塔吊附臂时再恢复至正常状态； ②因为需要翻转脚手板，所以没有布置底层水平桁架，应在不需要翻转脚手板层加装水平桁架，且范围要大于底层断开水平桁架的范围
2	施工电梯进入架体 	①一般施工电梯会进入附着式升降脚手架底部两层，因此应拆除相应范围内的架体，并在两端进行密封，形成一个门式结构； ②因为底部脚手板被拆除，所以没有布置底层水平桁架，应在不拆除脚手板层加装水平桁架，且范围要大于底层断开水平桁架的范围
3	预制构件处，附着支座预埋点的处理	提前将附着点的预留孔的位置及大小提供给预制结构的厂家，生产预制构件时，将孔预留好，现场便可直接使用
4	找平架水平超出允许值 	①尽量由专业测量员进行找平点测抄工作，每次测抄完毕必须与起始点进行闭合检查； ②安装平台（找平架）如果置于回填土上，必须将土夯填密实，且做好排水措施，立杆底部要垫通长的木脚手板，做好防水浸泡的措施。安装平台（找平架）搭设后必须加设斜支撑支顶到结构墙体或楼板上； ③如果采用悬挑架，其相邻两斜支撑的间距不能大于两米且底部要支顶到结构上并固定牢靠

续上表

序号	问题	预案
5	竖向主框架偏位，导致附着支座无法正常安装 	①严格控制脚手板离结构边的距离，保证与方案要求一致，并相互验证，发现问题及时纠正； ②安装导轨时保证其安装的垂直度，安装好后及时安装附着支座或将导轨加固； ③架体搭设过程中，具备安装附着支座条件时，必须及时安装附着支座，出现预埋孔不通、模板拆模不及时而影响附着支座安装的，必须立即纠正； ④严禁其他工种作业人员施工时支顶架体
6	穿墙螺杆安装处混凝土出现裂纹 	①混凝土强度达到规范要求的设计值（附着支座C10、提升支座C20）才能安装相应的构件； ②预埋孔离下边缘高度不符合要求（不小于150 mm）； ③编制专项施工方案时应将最不利工况的荷载提供给设计院进行复核，梁配筋偏少时，可适当增加梁配筋； ④升降过程检查并排除所有障碍物，避免因障碍物阻挡受力过大
7	铝模K板影响附着支座的安装 	①剪力强处，可将预埋点设置在铝模K板的下方，避开K板对附着支座安装的影响； ②在凸窗处，提前与铝模单位沟通，可在附着支座处设备小的K板，尽量给附着支座安装提供空间

续上表

序号	问题	预案
8	防台风加强措施 	①保证每个机位的全部三道附着支座全部安装； ②在架体的顶部采取钢制拉结措施； ③将架体分组处连接起来，使架体连成一个整体； ④必要时可拆除顶部1～2张网片

4.7 大型机械设备施工要点

区别于传统现浇结构，装配式混凝土建筑在塔吊和施工电梯定位选型以及附着连接都有不一样的要求，塔吊和施工电梯附着位置选择应避开预制构件以及工具式脚手架机位等影响因素，因此在编制方案前就要充分考虑。

4.7.1 塔吊

1. 附着连接注意事项

（1）塔吊的附着位置（图4-46）必须避开预制构件和工具式脚手架机位。

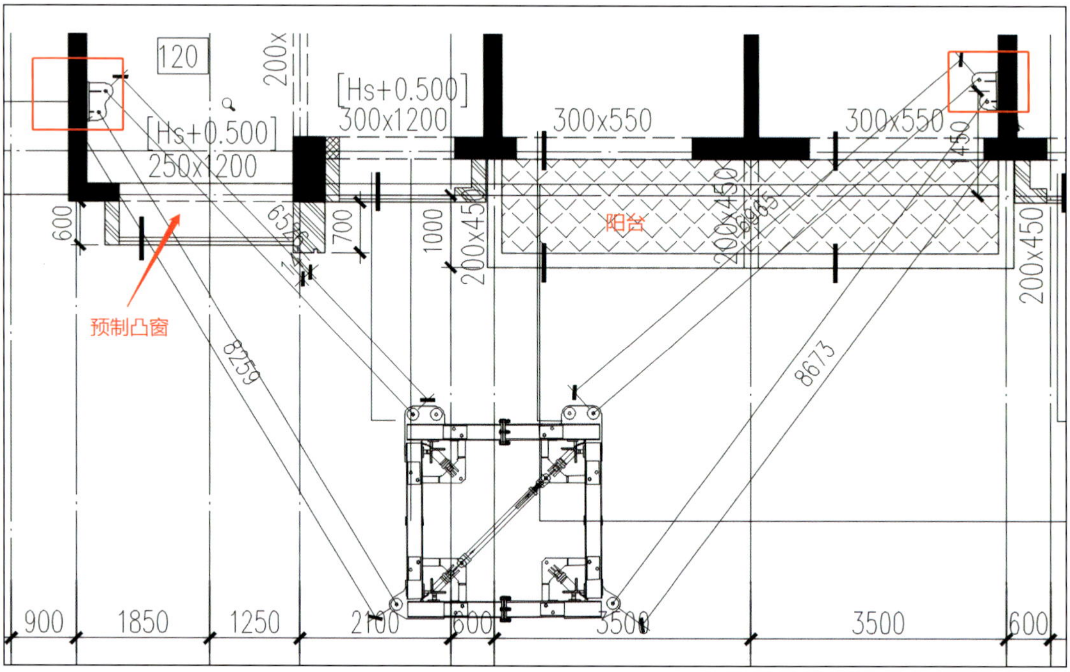

单位：mm

图4-46　某装配式建筑项目塔吊附着位置示意图

（2）装配式混凝土建筑比较常见的是预制构件影响塔吊附着点位置，一般有以下处理方式。

①上策考虑在剪力墙和墙柱的位置进行附着。

②中策选择将附着拉杆通过凸窗窗口伸入内部剪力墙进行附着。该方式存在一个缺点：凸窗洞口大小有限，因此塔机附着空间和标高受限，后期附着拉杆拆卸也较为麻烦。解决方法：在浇筑楼层混凝土前，预先在附着拉杆上方板面位置预埋套筒，方便后期手动葫芦寻找安装吊点，拆卸拉杆时使用手动葫芦辅助，较为安全也能更好地做好成品保护。

③下策选择在山墙位置附着，此附着有以下缺点：第一，不方便搭设司机上人通道，由于现行工具式脚手架规范要求不能在架体上搭设平台，因此司机上人通道需另外采取办法搭设（可以在临近的阳台或者窗洞口搭设行走安全通道，如果必须在剪力墙上留洞设置行走安全通道，需要制定洞口二次浇筑方案，剪力墙留洞需经设计复核同意）；第二，拆卸塔机时难度较大，由于塔机拆卸时，司机上人通道已经拆卸，因此拆卸人员上塔吊进行作业是一大难题（可以利用吊篮作为操作平台进行附着拉杆的拆卸，人员上下采用吊篮作为运输工具，但是效率始终很低，安全隐患也较大，慎重选择此种方式）。

（3）塔吊附着支座应按照“塔式起重机使用说明书”相关要求进行深化设计并出图，严禁将附着支座设置在悬挑构件及预制构件上，必须固定在地面或剪力墙或柱上（图4–47、图4–48）。

（4）当塔吊中心距离附着面距离大于说明书规定时，应提供计算书。

（5）附着点处的建筑结构承载能力须满足附着力的要求，需要将受力情况提供给主体设计单位复核。

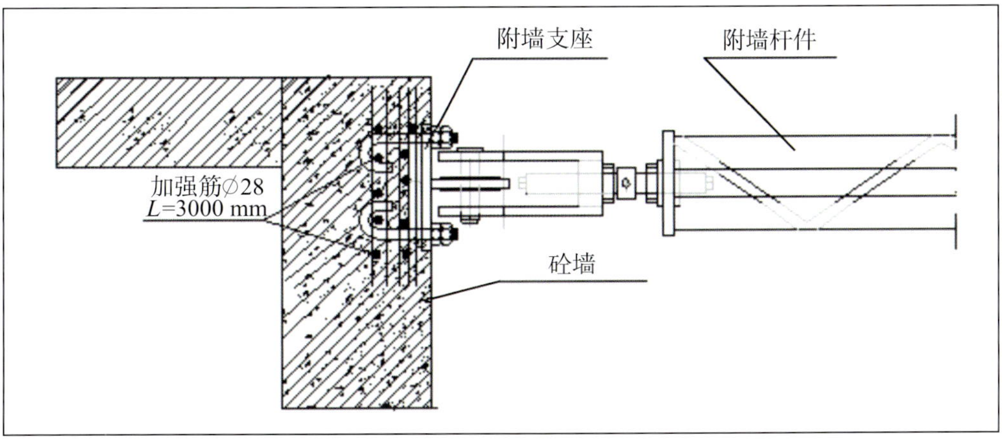

图4–47 某装配式建筑项目塔吊附墙节点示意图

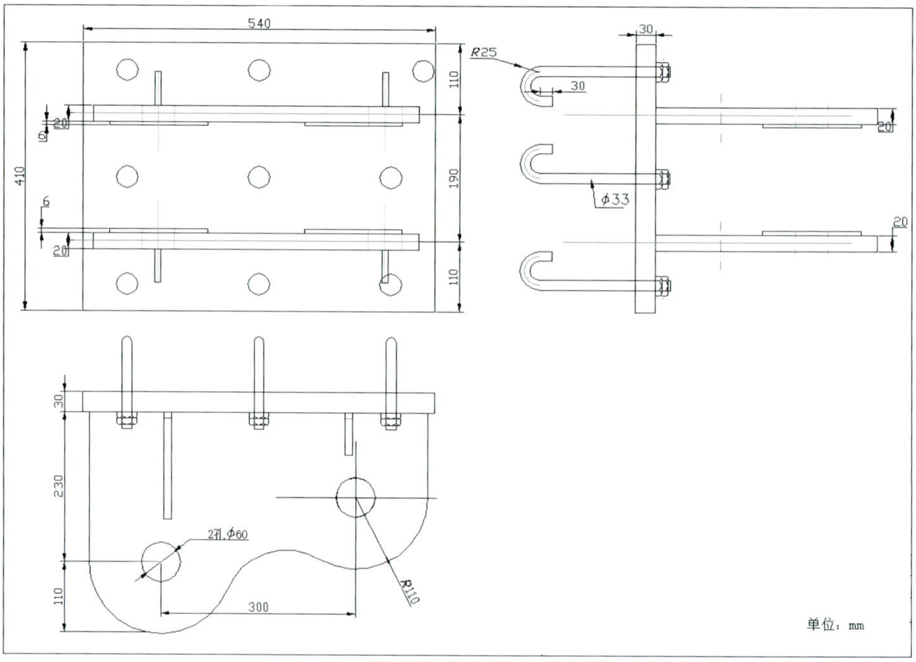

图4-48　某装配式建筑项目塔吊附墙支座预埋件示意图

2. 其他注意事项

（1）由于装配式建筑项目所用的塔机型号都偏大，应综合考虑工期及结构强度，对塔机附着点的建筑结构采取加强措施。针对附着点位于建筑物阳角短边剪力墙的情况，应特别注意。

（2）附着预埋件必须按照深化设计图纸进行加工制作，检查孔定位尺寸是否准确，以保证预埋板与附墙杆件正常连接。

（3）附着预埋板应随主体结构施工进行预埋，附着锚固预埋应有隐蔽工程验收记录。

（4）塔机附着装置主要承载杆件、连接板及其焊缝应无裂纹，杆件、连接板应无整体或局部塑性变形，销孔应无塑性变形。连接件的轴、孔应无严重磨损。结构件母材不应出现严重锈蚀或磨损。

（5）附着装置与塔身节和建筑物的安装连接必须安全可靠，各连接件如螺栓、销轴等必须齐全，不应缺件或松动，与附着杆相连接的建筑物不应有裂纹或损坏。

（6）附着杆与建筑物之间的连接不宜采用焊接方式，特殊情况下采用焊接连接时，必须提供下列资料：①焊工资格证书；②焊接工艺要求；③焊缝尺寸要求；④焊缝外观质量及无损探伤检验结果。

（7）附着杆与水平面之间的倾斜角不得超过10°。

4.7.2 施工电梯

1. 附着连接注意事项

（1）施工升降机的附着位置必须避开预制构件，严禁在预制构件上进行附着，应附着在现浇结构上。

（2）施工升降机布置位置最佳选择是在双阳台位置，尽量避免将施工升降机布置在凸窗位置（最新检规要求施工升降机楼层门净空要求达到2.0 m，而凸窗洞口净空一般为1.8 m，可能导致检测无法通过，慎重选择）。

（3）施工电梯附着支座应按照“施工升降机使用说明书”相关要求进行深化设计出图（见图4–49、图4–50）。

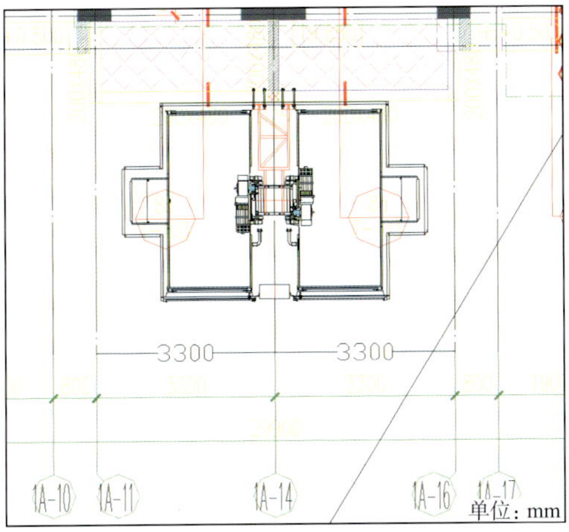

图4–49 某装配式建筑项目施工电梯附墙节点平面示意图

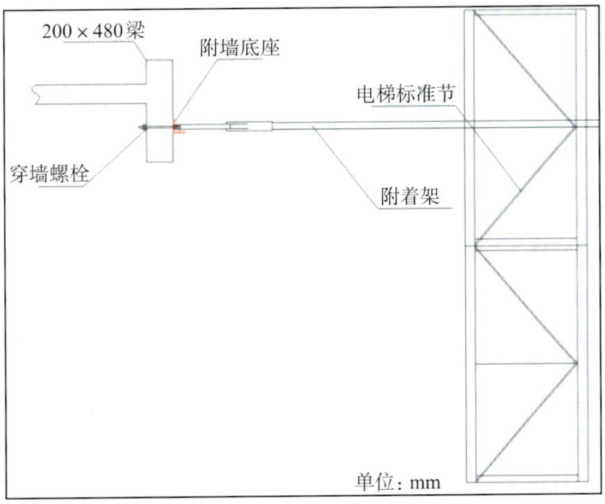

图4–50 某装配式建筑项目施工电梯附墙节点剖面示意图

（4）附墙架附着点处的建筑结构承载力应满足“施工升降机使用说明书”的要求，需要将受力情况提供给主体设计单位复核。

（5）附墙架与建筑物一般有四种连接方式：①用穿墙螺栓固定；②与墙上预埋件相连接；③与墙上预埋件焊接；④与钢结构焊接。目前常用的是采用穿墙螺杆固定。

2. 其他注意事项

（1）施工升降机附墙架焊缝应无裂纹，应无整体或局部塑性变形，销孔应无塑性变形。连接件的轴、孔应无严重磨损。附墙架母材不应出现严重锈蚀或磨损。

（2）附着装置与导轨架和建筑物的安装连接必须安全可靠，各连接件如螺栓、销轴等必须齐全，不应缺件或松动，与附着杆相连接的建筑物不应有裂纹或损坏。

（3）附墙架撑杆平面与附着面的法向夹角不应大于8°。

5

工程验收

装配式混凝土建筑施工质量验收应遵循国家和省、市相应的装配式建筑相关规范、文件的要求，总承包单位应建立联合验收制度，对于规范、文件中已提供的相应验收表格应遵照执行，对于规范、文件中未提供样表但实施过程需要的表格，可以由各方协商制定或者参考本章节补充的附表。

5.1 验收程序

1. 总体要求

装配式建筑项目应按照主管部门的要求，组织装配式建筑相关过程验收及竣工验收，包括且不限于以下方面。

（1）对预制构件模具、首件进行联合验收。

（2）对预制构件首层吊装进行联合验收。

（3）对工具式模板预拼装进行联合验收。

（4）装配式混凝土建筑竣工专项验收。

2. 验收流程

（1）施工单位自检合格后，向建设单位书面申请验收。建设单位接到申请后 2 天内组织相关人员进行验收。

（2）验收合格，建设单位向主管部门书面申请验收。

（3）验收不合格的，建设单位通知施工单位进行限期整改。施工单位整改完成后，重新申请验收。

5.2 验收资料

（1）首件构件验收可按照《广东省房屋建筑工程竣工验收技术资料统一用表》（2024版）（以下简称省统表）中的《预制构件首件构件验收记录（工厂用表）》（GD-C2-43212）进行。

（2）预制构件进场时，构件生产单位应提供出厂合格证、质量证明文件、出厂数量清单等资料：

①合格证格式可按照广东省统表《装配式混凝土预制构件出厂合格证（工厂用表）》（GD-C1-345）制定；

②质量证明文件格式可按照省统表《楼板类预制构件生产质量检验记录（工厂用表）》（GD-C2-4323）、《墙板类预制构件生产质量检验记录（工厂用表）》（GD-C2-

4324），《梁、柱、桁架预制构件生产质量检验记录（工厂用表）》（GD–C2–4325）、《预制混凝土构件预应力张拉记录（工厂用表）》（GD–C2–4326）、《预制构件养护记录（工厂用表）》（GD–C2–4327）、《楼板类预制构件成品质量检验记录（工厂用表）》（GD–C2–4328）、《墙板类预制构件成品质量检验记录（工厂用表）》（GD–C2–4329）、《梁、柱、桁架类预制构件成品质量检验记录（工厂用表）》（GD–C2–43210）、《装饰类构件质量成品检验记录（工厂用表）》（GD–C2–43211）制定；

③数量清单格式可按照省统表《装配式混凝土预制构件产品出厂数量清单》（GD–C1–345/1）制定；

④现场验收人员应按照省统表《装配式建筑结构预制构件（进场）检验批质量验收记录》（GD–C3–51382）进行进场验收。

（3）现浇层转预制层钢筋工程隐蔽验收，应按照省统表《现浇层转预制层钢筋工程检查记录》（GD–C2–43213）进行验收。

（4）预制构件首层吊装施工完成后，应组织联合验收，应按照省统表《装配式建筑首个标准层质量验收记录》（GD–C2–43214）进行验收。

（5）预制构件施工安装应按照省统表《预制条板填充墙安装检验批质量验收记录》（GD–C3–51381）、《装配式结构施工检验批质量验收记录》（GD–C3–51383）、《集成模块安装检验批质量验收记录》（GD–C3–51384）、《预制构件安装施工记录》（GD–C2–43215）、《灌浆料流动性检测记录》（GD–C2–43216）、《预制构件灌浆令》（GD–C2–43217）、《灌浆施工记录》（GD–C2–43218）、《预制外墙板耐候胶施工检查记录》（GD–C2–43221）、《预制外墙接缝施工记录》（GD–C2–43222）、《集成模块安装施工记录》（GD–C2–43223）进行验收。

（6）预制构件隐蔽应按照省统表《灌浆隐蔽验收记录》（GD–C2–43219）、《预制构件连接隐蔽工程质量验收记录》（GD–C2–43220）进行验收。

（7）装配式混凝土结构的子分部工程实体验收时应提交以下资料：

①设计单位已确认的预制构件深化设计图、设计变更文件；

②装配式建筑结构工程施工所用各种材料、连接件及预制构件的产品合格证书、进场验收记录和复验报告等各种相关质量证明文件；

③预制构件安装施工验收记录；

④预制构件钢筋连接施工检验记录；

⑤连接构造节点的隐蔽工程检查验收文件；

⑥后浇筑节点的混凝土和灌浆浆体强度检测报告；

⑦密封材料及接缝防水检测报告；

⑧分项工程验收记录；

⑨现浇部分实体检验记录；

⑩工程的重大质量问题处理方案和验收记录；

⑪预制外墙现场施工的装饰、保温检测报告；

⑫其他质量保证资料。

（8）在项目竣工验收阶段，建设单位应当组织各单位按照竣工验收资料共同复核装配式建筑相关内容，核查项目是否满足《深圳市装配式建筑评分规则》要求，将复核得分情况放入“绿色建筑专项验收报告”（格式详见《深圳市住房和建设局关于发布深圳市工程建设项目绿色专篇模板文件的通知》文件附件）。

附　录

本指南参考以下文件编制：

1.《建筑抗震设计规范》（GB 50011—2010）

2.《建筑结构可靠度设计统一标准》（GB 50068—2001）

3.《建筑结构荷载规范》（GB 50009—2012）

4.《建筑施工组织设计规范》（GB /T 50502—2009）

5.《建筑工程施工质量验收统一标准》（GB 50300—2013）

6.《混凝土结构工程施工质量验收规范》（GB 50204—2015）

7.《建筑装饰装修工程质量验收规范》（GB 50210—2001）

8.《装配式混凝土结构建筑技术规范》（GB /T 51231—2016）

9.《建筑轻质条板隔墙技术规程》（JGJ/T 157—2014）

10.《建设工程安全文明施工标准》（SJG 46 —2023）

11.《装配式建筑标准化产品系列图集（预制内墙条板）》（SJT 03—2023）

12.《装配式建筑标准化产品系列图集（叠合楼板）》（SJT 04—2023）

13.《装配式建筑标准化产品系列图集（预制混凝土楼梯》（SJT 05—2023）

14.《装配式建筑标准化产品系列图集（整体卫生间）》（SJT 06—2023）

15.《装配式混凝土结构建筑技术规范》（GB /T 51231—2016）

16.《装配式混凝土结构连接节点构造》（2015 年合订本）（G310-1～2）

17.《建筑施工附着式升降脚手架安全技术规程》（DBJ/T 15-233—2021）

18.《装配式混凝土建筑结构技术规程》（DBJ 15-107—2016）

19.《装配式混凝土结构工程施工质量验收规程》（DB 4401 16—2019）

20.《装配式混凝土建筑工程施工质量验收规范》（DBJ/T 15-171—2019）

21.《轻质混凝土墙体应用技术规程》（DBJ/T 15-180—2020）

22.《装配整体式叠合剪力墙结构技术规程》（DBJ/T 15-210—2021）

23.《建筑室内装配式轻质隔墙技术规程》（DBJ/T 15—208—2020）

24.《装配式内装修技术标准》（JGJ/T 491—2021）

25.《居住建筑室内装配式装修技术规程》（SJG 96—2021）

注：

①除上述所列外，参考本指南尚应执行国家、部委及地方制定的政策、标准、规范、规程和规定。

②当上述文件出现新版本时，应参考最新有效版本。